必ずくるお別れのときに後悔しない知識と心構え

愛犬との幸せなさいごのために

pas à pas

俵森朋子

河出書房新社

はじめに

犬と暮らす。

そう決めた瞬間から、犬を看取《みと》るという責任も生まれます。

純粋に飼い主との生活を楽しみ、飼い主に幸せや癒しを与え、飼い主に感謝されながら旅立つ。

死に逝《ゆ》くときは、犬の一生の中で、もっとも慈愛に満ちた、清らかで美しい瞬間だと思うのです。

そして、そのときをより幸せに迎えさせてあげるのは、飼い主にしかできない、とても大切なお役目だと思っています。

これまでに愛犬を看取った経験のある方には、それぞれに、語り尽くせない物語があるのではないでしょうか。

また、これから看取りを迎える方にとっては、想像することすら辛く、知りたくもない、未知の領域かもしれません。

一つ屋根の下で、ともに暮らし、お互いを理解し合い、どんなときも必ず心を寄せて見守ってくれる、かけがえのない存在へとなってゆく犬たち。そんな犬たちとのお別れは、悲しくて、辛くて、寂しくて、身を切られる思い。

わたしたちよりも、必ず先に死に逝く犬たち。飼い主が看取らなければならない犬たちとのお別れを、ただ悲しいだけの見送りにしないように。後悔を最小限にし、心穏やかに、さらには幸せをも感じられる「最期」を迎えることができますように。そんな願いを込めて書きました。

愛おしい犬と暮らす皆さまへ。
本書が、最期のときのお役に立てますように。心より願っています。

CONTENTS

はじめに 002

第1章

《発覚期》もしかして病気かも？

ある朝、突然 010
長い夜 018
主治医への信頼 024
獣医さん難民 030
あえてやらないこと 040

第2章 《闘病期》 飼い主にできることって？

生命力 …… 048
食べる楽しみ …… 056
毎日の地道なケア …… 064
いつも通りでいること …… 070
過保護にしない …… 078
難しい選択のときに …… 086

第3章 《終末期》 残された時間は愛犬からのギフト

ありがとうの毎日 …… 094
仕事と睡魔と体力の限界と …… 100
最期まで犬としての尊厳を大切に …… 110
一喜一憂 …… 116

第4章 《旅立ちのとき》最期まで犬らしく

旅立ちのときを知る …… 126

第5章 《見送りのとき》最期にしてあげられること

きれいに整える …… 142
バラとお香とドライアイスと …… 148
棺を作りながら …… 156
友人やお世話になった方へ …… 164
骨壷と祭壇と …… 170

第6章 《それから》毎日、愛犬を感じる

ナジャを感じる …… 178
ナジャのためにも悲しまない …… 184
ナジャを感じるものたち …… 192
四十九日を迎えたら …… 198

COLUMN 飼い主にできること

1 病気以前の不調に気付く …… 015
2 元気なうちにしておきたいこと …… 022
3 診察時のコミュニケーション …… 028
4 信頼できる主治医の見つけ方 …… 038
5 手作りごはんのススメ …… 044
6 嫌がらせない薬の飲ませ方 …… 054
7 食べムラ期の食欲アップ作戦 …… 062
8 体を温め流して免疫力をキープ …… 068
9 闘病に欠かせない水分の与え方 …… 076
10 おむつや洋服、どう考える？ …… 084
11 愛犬の観察日記のつけ方 …… 090
12 介護中の居場所の整え方 …… 098
13 気分転換はとっても大事！ …… 108
14 犬が快適な温度と湿度の関係 …… 115

15 専門的なケアを受ける……121
16 ほとんど食べられなくなったときは……122
17 旅立ちの準備のサイン……136
18 火葬場や方法を検討しておく……138
19 亡くなった後の体の浄め方……146
20 体を腐らせないために……154
21 棺に納めるまでに……162

22 オリジナルの棺の作り方……168
23 愛犬らしい骨壺と祭壇を用意……174
24 悲しみを乗り越えるには……182
25 専門家の力を借りる……191
26 心癒されるうちの子オーダー……196
27 納骨はどこにする？……202

おわりに……204

第1章

《発覚期》
もしかして病気かも？

ある朝、突然

13歳のナジャは、相変わらずの食いしん坊です。

5歳のときに子宮蓄膿《ちくのう》症で急きょ子宮の摘出手術を受けた以外は、獣医さんにお世話になったことはほとんどなく、下痢も数えるほどしか記憶にありません。子宮蓄膿症になってしまった原因というか引き金は、おおかた予測がついていました。シュナウザーだけにもともと積極的に水分を摂《と》るほうではなく、日常的に体は乾燥気味だったこと、発情期でたっぷりお散歩ができず運動不足だったこと、またお散歩で会う他の犬たちへの配慮から、真冬なのに早朝や深夜のお散歩が続き、体がかなり冷えてしまっていたこと、外でしか排泄しないのに、忙しさにかまけて外へ連れ出す回数が減り、膀胱《ぼうこう》に尿をたっぷりと溜めてしまっていたこと。

今になって思えば、乾燥と冷えとストレスの3本立て。免疫力が落ちないわけがなく、そりゃ感染するわね……と反省しきり。それ以来、食事や水分、運動など試行錯誤しつつ、できるケアを試しながら、13歳まで大きな病気一つすることなく、いつも明るく寄り添ってくれる犬でした。

海辺育ちだけれど山派。山に入ると、目の輝きと張り切り具合は増し増しです。週に2〜3回、多いときは4〜5回はハイキングコースを闊歩《かっぽ》していました。

それが、12歳を迎えた頃から少しずつスピードが落ち始め、いつの間にか後ろからついてくることも多くなっていました。いつものお散歩ですら、立ち止まることもあり、おやつをもらえば歩く。また立ち止まり、おやつを要求してまた歩く。そんな日がだんだんと増えていきました。

今思えば、この頃から体のどこかで、うまくいかない何かが起こり始めていたのかもしれません。食欲旺盛、排便排尿は正常、もちろん血液検査をしても取り立てて「疾患」と名の付くほどの異常数値もなく。ただ、寝ている時間が長くなったり、お散歩がちょっとおっくうな日があったり。年を取ったなあと感じてはいたものの、病気が隠れているとはまったく予測できていませんでした。

台所の見張り番はおこたらず、おやつ缶の音にはいち早く反応します。ナジャが子宮蓄膿症になった頃から始めた食事療法も、試行錯誤しながらも手応えを感じていたりして、過信もあったと思います。「元気だし」という、漠然とした、たいした根拠のない思い込みです。

14歳を迎え、肝臓の数値が若干高めで、たまに貧血気味で歯茎の白さが気になるものの、それなりに元気な毎日。桃の節句には、健《すこ》やかな老犬生活を祈って魔除けの桃色スープごはんを作りました。はまぐり汁にマグロにビーツと甘酒。いつもと変わらずお皿の外側まできれいになめつくし、ご満悦。

何となく今年もゆるゆると穏やかに過ごせそうな気がしていた矢先、桃の節句から1週間も経たないある朝のこと。いつもは必ず視界に入るどこかで寝ているナジャが見当たらない。呼んでも来ない。まさか庭に出したまま寝ちゃったのかと心配になり、玄関に向かいました。

すると、そこにはまるで虎の敷物のようにぺらりと倒れているナジャがいました。四肢が四方に伸び、体はペタンコの状態でうつぶせています。意識はありますが、頭を持ち上げるのもやっと。ただごとではないのは一目瞭然でした。

顔から変な汗が吹き出し、心臓が口から出そうになりながら、オタオタと考えを巡らせます。

何からしたらいいんだっけ……。あ、病院に電話！　あ、今日は病院お休みだ……。どうしよう。えーと、えーと、あ、信頼する犬友が通ってる病院は？

あ、とりあえず温めなきゃ。

あずきカイロをレンジでチンしながら、えーと、今日の仕事はどうなってたっけ？

焦りすぎてスケジュール帳がうまくめくれません。

あ、お弁当作らなくちゃ。いやいや、そんな余裕ないわ。えぇ〜ダメだ、スケジュールパンパン……。うぐぅ〜。

温めたあずきカイロをナジャの背中に載せ、食べられるわけがないのにバナナを口元に持っていき、「食べない？　おいしいよ」なんて食欲確認したりして、やっぱり食べないか……とさらに落胆したり。

冷静の「れ」の字もなく、ブランケットでナジャを包み、車の助手席に乗せて、行き慣れない病院へ。とにかく不安しかない朝でした。

飼い主にできること❶

病気以前の不調に気付く

愛犬の不調や変化を感じていても「元気なんだけどね」で済ませてしまいがちですが、老犬になると特に、検査で異常が見つかったときには治療が必要な病気ということがほとんど。異常値になる前に、飼い主がいち早くそのサインに気付いてあげたいものです。

特に高齢になると、病気ではないけれど調子が落ちていることはよくあります。神経質になりすぎる必要はありませんが、未病の段階で気付けるよう、次ページのチェックリストで不調のサインをチェックしましょう。

未病のチェックリスト

□便秘がち

運動不足や、水分・食物繊維不足かも。水分をしっかり摂り、ヤマイモなどネバネバした食材やヨーグルトを取り入れて。

□うんちが臭い

腸の動きが悪く、ガスが溜まっている、悪玉菌が増えている状態。たんぱく質が多すぎる場合もある。発酵食品などを摂って善玉菌を増やして、腸内環境を整えて。

□おしっこの回数や量が多い・少ない

多飲多尿は病気が隠れている可能性が。いつもより回数が多い場合は、膀胱炎や尿結石など腎膀胱に問題があるかも。回数も量も少ない場合は肝機能低下の可能性も。

□おしっこの臭いがきつい・色が濃い

水分不足だとおしっこの色が濃くなる。また、腎機能が低下している可能性もあるので注意。

□散歩に出るのがおっくうそう

朝は特に面倒くさそうなら、体が冷えていることも。歯茎が白いなら貧血かも。関節に痛いところがある可能性もある。

□散歩の途中で止まってしまう

目が見えにくくなっている可能性も。息切れしているなら、心臓に異常があるかも。

□ハゲた・被毛が薄くなった・フケが多い

免疫機能の低下や、甲状腺や副腎系のホルモン異常かも。部分的にハゲるのは感染症か、心因的または環境的なストレスかも。特にシッポの毛が減るのは、内臓の機能が落ち始めていることも。

□被毛がパサついている

脂質不足や体の冷え、水分不足が原因かも。

□足先や耳先、腰、モモの内側が冷えている

朝起きてすぐ、足先、耳先、腰、モモの内側の温度をチェック。冷えているようなら、温め流すケア、鍼やマッサージの施術、食事や環境の見直しを。

□食べムラが出てきた

うまく働けない臓器があるか、自律神経が乱れていることも。できるだけ消化に負担をかけないよう、ごはんを少し温める、ペーストにする、よく火を通す、数回に分けて少しずつあげるなど工夫を。

□同じものを続けて食べられない

消化器系に異常がある可能性も。同じ食材やフードを与え続けず、あえてローテーションしてあげるといい。できるだけシンプルに単品を。

□ごはんを変えていないのに太ってきた・やせてきた

太った場合は、運動量不足やおやつの与えすぎ、また甲状腺の異常の可能性も。やせた場合は、水分不足の他、腎機能の低下やがんの可能性も。

□朝ごはんが進まない

貧血気味、もしくは胃酸の分泌不足または過多で朝は胃が気持ち悪いのかも。貧血対策と、食事や水分量の見直しを。

長い夜

ナジャが長年お世話になっている主治医は、別格です。長年犬と暮らしてきて、多くの獣医さんにお世話になりましたが、こんなにバランスの取れた、的確丁寧な見立てができて、さらに犬にはもちろん飼い主の気持ちに寄り添える先生は、なかなかいないと思っています。

西洋医学のみに固執することなく、犬が犬らしく、機嫌よく生きるために何をすべきかを見極めてくれる先生です。診察のときは必ず、まずは犬の体全体をくまなく触ってくれます。去勢避妊の考え方、ワクチンの有無、薬や検査が本当に必要かなど、小さなことから大きなことまで考え方に無駄がありません。そんな獣医師に出会えたことは、ナジャにとってもわたしにとっても、とても幸せなことでした。

ところが、ナジャが突然倒れたこの日は、タイミング悪く主治医の病院が休院日。ナジャの母犬ハンナと通院していた頃は24時間休院なしの病院だったのに、昔の体制だったらな……、なんて利己的にボヤきながら、近所の獣医さんへ駆け込みました。

近所の先生によると、肝臓にあったと思われる腫瘍《しゅりゅう》が破裂しており、脾臓《ひぞう》を圧迫している状態。腫瘍のサイズは6センチ以上。このまま放置すると今晩もつかどうか、またオペをして腫瘍を摘出したとしても、その予後については五分五分という見立てでした。「リスクを承知で手術をするのか、半ばあきらめて連れ帰りそのときを待つのかは、飼い主さん次第です」というお話で、ある意味死を宣告されているのと同じ状況。

もちろん、決めるのはわたしです。

だけど、主治医だったらどんなふうに判断してくれるかな、どんな処置をしてくれるかな、叶うならば主治医に診てもらってから判断したい。

それに、どちらを選択したとしてもそのときが間近ならば、ナジャにとって痛みのないほうを選択すべきだと。開腹して痛い思いをし、術後の痛みや辛さを抱えたまま命をつないだとしても、誰が満たされるのだろう。離れたくないわたしのために愛犬が生かされているという状況を、わたしは望んでいるのか？

最期ならば、最期だからこそ、主治医に診てもらおう。ナジャの生命力を信じ、そのまま無処置で連れ帰ることにしました。この日のことはもうあまり覚えていません。わたしは鎌倉で犬猫のための小さなお店を営んでいるのですが、お店は臨時休業し、他の用事もすべてキャンセルして、明日の朝一番にいつもの獣医さんにたどり着くまで、ナジャと過ごそうと決め込んだと思います。

当然、ナジャは何も口にしません。食べられるわけもありません。でも、水分だけは何としても摂っておかないと……。内臓が正常に働くためには、水分が必須なのです。犬は3日間食べなくても死んでしまうことはないけれど、3日間水が飲めないと死に至ると言われています。

あとは、ひたすらにひたすらに体を温める。体温が1度上がると免疫力は30％アップし、逆に1度下がると30％も下がります。この状態で30％の免疫力が下がっては、いよいよどうにもならなくなります。

ガーゼに水を含ませて、舌や歯茎を湿らせ続け、シリンジで少しずつデトックス水を流し込みました。あずきカイロをチンしたものを腰に載せ、湯たんぽで体全体を温め、フルボ酸（医薬品ではありませんが、体の不要なものを排出する効果があると言われている液体のサプリメント）を肝臓や脾臓のあたりにジャバジャバかけて、絶え間なく温玉（丸石を温めたもの。P.68参照）で温め流し続けました。

夜中の2時を過ぎた頃から、頭が上がり、うつろだった目もきょろきょろと動かせるようになりました。もしかしたら、明日主治医に心臓が動いた状態で診てもらえるかも。何となく持ち直したような様子で、弱々しかった呼吸も多少深くゆっくりと落ち着き、ナジャの底力に感謝しかない朝がきました。

元気なうちにしておきたいこと

環境整備やトレーニングは、若く元気なうちにやっておくほうが、愛犬も飼い主も負担が少なくて済みます。過度な甘やかしや擬人化は、いざというときの妨げになることもあります。愛犬が飼い主さんを信頼し、ある程度指示を受け入れられる関係を築いてくださいね。

1. 室内トイレができるように

特に男の子や日本犬は外トイレ派が多いですが、病気になったり、立てなくなったりしてからの外での排泄は、飼い主さんの大きな負担になります。老犬期に入る前にあきらめずにトレーニングを！

左／人工芝の下にトイレシートを敷くと、芝の感触で排泄しやすいかも。まず外に設置して練習を。右／ベランダの一角などに、すのこの上にウッドチップを敷いて、森風に。

2. 滑りにくい床にする

つるつるのフローリングは腰や頸椎、背中に負担がかかりやすく、特に高齢になって体に力が入らなくなると痛めやすいです。関節が元気なうちに、痛めないよう養生を。

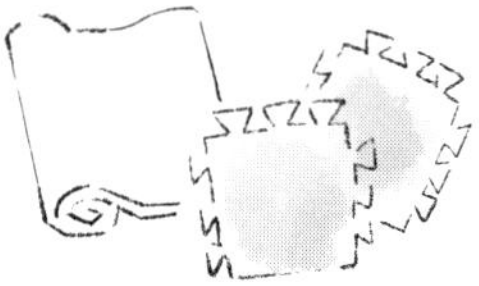

100円ショップなどでも購入できるヨガマットは、丸洗いもしやすい。ジョイント式のコルクマットは、汚れたところだけ交換もできる。

3. 何でも食べられるように

神経質な犬の場合、初めてのものは食べないことも多いですが、体調を崩すとさらに食べられなくなります。元気なうちにいろいろな食べ物を経験して、何でも食べられるようにしておくことが理想。

旬の野菜は積極的に取り入れて。スープ状やペースト状のものには、老犬期のために慣らしておきたい。ねちょねちょしたものなど変わった食感のものにも挑戦を。

4. 体中どこでも触れるように

年を取ると特に、ケアのために犬の体をくまなく触れなければならないことが増えます。老犬期に入ると気難しくなって、触れるのがより難しくなることも。若いうちに慣らしておきましょう。

家に迎えたときから、コツコツと歯磨きやブラッシングなどを気持ちよくさせてくれる習慣を。また、体を触ることを遊びやコミュニケーションの1つとしてうまく取り入れて。

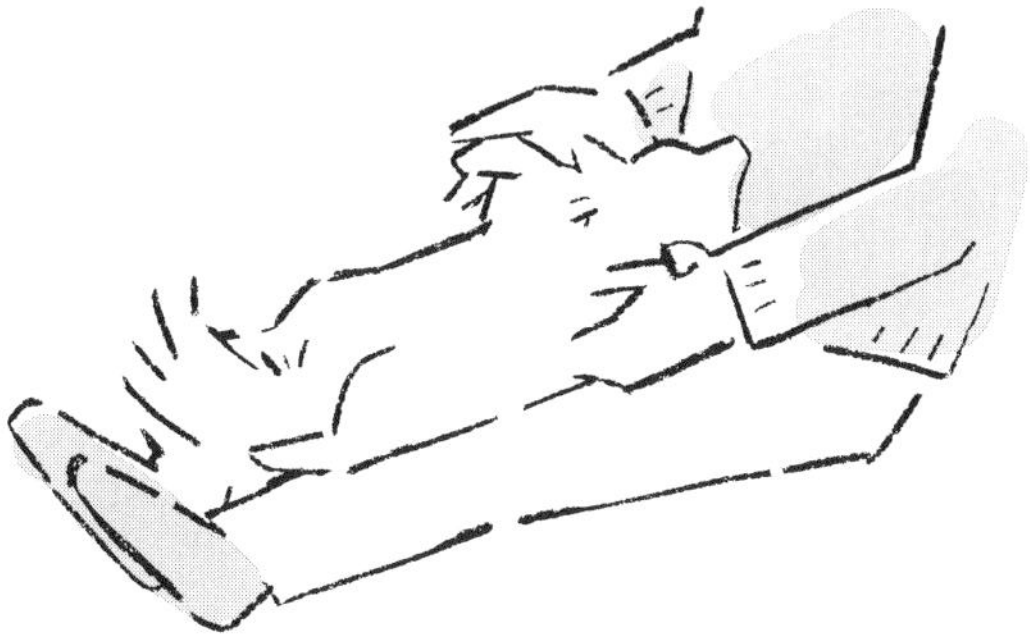

主治医への信頼

翌朝一番に主治医のもとへ。

この病院は基本的には予約制なのだけど、トリアージ（患者の緊急度に応じて治療の優先順位を決めること）を導入してくれています。いつもはこのトリアージのために、予約時間を過ぎても2時間も3時間も待つことがあります。でも、この病院に通う方々は文句なんて言いません。いつものことだとため息をついて時計を見ながらも、機嫌よく待てる方たちばかりです。

それは、いざ今回のような緊急事態には、本当にありがたい制度だから。

体に力が入らずたらりとしたナジャを見て、顔色が一変する主治医。わたしは深く深呼吸して、診察室へ向かいました。不安と安堵が一気に吹き出しそうでした。

昨日の一連の流れをざっくりと説明し、近所の獣医さんでの検査結果を差し出します。その間中、主治医はナジャの体全体を丁寧に慎重に確認してくれていました。そのさまだけで、妙にほっとします。

エコーでお腹の中を確認しながら、がんと命の話を先生としました。ちなみに、この病院は診察室や処置室、手術までも飼い主が一緒に同伴できるのです。丁寧にエコーをしながらの暗闇での先生との会話が、気持ちを落ち着かせて冷静に状況を把握し、ナジャをしっかりと見ることができる、とても大切で貴重な時間になりました。

すべての会話を記憶しているわけではないけれど、先生のひと言が、この先付き合っていくがんとの関係をより友好にし、何か選択しなければならないときの

指針になりました。

「この肝臓にできたがんもナジャ。一緒に生きていくという考え方もある」

　診断そのものは、近所の獣医さんと同じく、肝臓の腫瘍が破裂していること、腫瘍は6センチ以上もあること、危険な状態であること。それに変わりはないけれど、この状態で手術をするという選択肢はありませんでした。「オペはしない」ときっぱり断言してくれたことが、どれだけわたしの心の「かせ」を軽くしてくれたことか。

　命にかかわる選択をすることには、大きな自責の念や後悔がついて回ります。それでも、どれを選択したとしても、正解もなければ不正解もありません。いずれ必ず命は散るのだから。

「今、今夜、明朝、いかに痛みやストレスなく、穏やかに過ごせるかを考えましょう」。これが主治医からの提案でした。無理な治療はしない。治すことを目標とするのではなく、平穏を維持することを優先に、緩和ケアに徹する。

このときの、とても柔らかくついたナジャのため息は、今でも鮮明に思い出せるのです。

「すぅう」

診察時のコミュニケーション

診察時のコミュニケーションの取り方は、今後の治療の成否を決めるうえでも大切なポイントです。獣医師から検査や治療をすすめられたら、必要な情報を確認し、納得したうえで判断を。他院での治療や検査結果なども隠さず共有したほうが愛犬のためです。

1. 獣医師も人間

当たり前ですが、獣医師の先生も人間です。毎日忙しい中たくさんの患者さんと向き合い、嫌味の一つでも言われて心折れそうになっているかもしれません。目の前の愛犬だけが特別なのではなく、他の飼い主さんもみんな同じ思いで来ているもの。できるだけ気持ちよくスムーズに診察を受けられるよう、飼い主側も配慮しましょう。

2. 診察時に確認すべきことは？

飼い主さんは犬の代弁者です。診察に必要な情報をできるだけ正確に伝え、獣医師から必要な情報を引き出しましょう。

❶いつ頃から、❷どこが、❸どんなふうにおかしいか、
❹どう変化しているか

❶異常の内容と状況、どんな病気と見立てられるか、
❷犬の苦痛や不快感の状況、❸今後考えられる状況

検査をすすめられた場合

❶何のための検査か、❷検査は必要なのか、
❸犬の苦痛や副作用はないか、❹費用

今後の治療方針を決めるとき

❶どんな選択肢があるのか、❷それぞれのリスクや副作用、
❸それぞれの回復見込みや術後の状況、
❹それぞれの費用

獣医さん難民

ナジャより前に、わたしは5頭の愛犬を看取りました。どの子も愛しく、たくさんの楽しい思い出のある犬ばかりです。

初めての愛犬シュナの最期は腎不全でした。15年ほど前のことですが、思い返すと、膀胱結石の手術を繰り返し短期間に受けたあたりから、だんだんとおかしくなっていました。ところが、当時お世話になっていた獣医さんからの「麻酔のリスクは心配ない」とのひと言にすっかり安心して、１カ月のうちに2回目の手術を提案されたときも、何の不安を持つこともなく「必要ならばお願いします」

と言っていました。手術をすればまた元気になるのだと、不安どころか、むしろ手術してもらって安心！　ぐらいの感覚でいたと思います。当然、術後も出されたお薬さえ飲ませておけば心配ないぐらいのお気楽ぶりで、まもなく腎不全になってからも、療法食さえ食べていれば何とかなる、と。

　わたしは当時、シュナの何を見て、何をしてあげていたのだろう。今ほどインターネットもＳＮＳも普及していなかったとはいえ、きっと手段はあったはず。図書館に行って医学書を読むとか、話を聞ける経験者を探すとか、獣医さんをもっと質問攻めにするとか……。それ以前に、知ろうとしていたのか。それすら疑わしい。獣医さんから処方される薬やサプリや療法食をひたすら与えるだけで、やれることはやっている気になっていました。

　シュナはあっけなく逝ってしまい、失って初めて「なぜ？　わたしはシュナの何を見ていた？」と、後悔の波が止まることなく押し寄せる毎日でした。

　このときから、獣医さん難民が始まります。

当時、我が家には4頭の犬がおり、リーダーだったシュナが逝ってからしばらくして、4頭すべての犬たちが次々と体調を崩し始めました。

そんなとき、当時お店によく来てくれていた、海外生活の長いトレーナー経験者のお客さまが、こんな話をしてくれました。

「アメリカでは、特に多頭飼いの場合、リーダーの犬が亡くなったら即隔離する。他の犬たちに気が付かれないように、死臭を嗅《か》がせないように、細心の注意を払うことが当たり前だ。それには大切な理由があって、自分たちのリーダーが息絶えたことに気が付いた群れの犬たちは、新しいリーダーを作ることはせず、この群れの終わりを悟り、自ら免疫力を落としてしまう場合があるからだ。それが例えばリーダーだと慕っていた飼い主の死であっても、同じような現象が見られることがある」と……。

大きな衝撃を受けました。何せ我が家の5頭は仲がよく、常に戯《たわむ》れ合って一緒に眠り、それぞれに役割分担しながら生活してきた犬たちです。リーダーのシュナが亡くなった夜はみんな同じ部屋で眠り、お焼き場に行く朝は伏し目がちな犬一頭一頭にお別れのあいさつを半強制的にさせて、出かけていきました。死臭嗅ぎまくりです。それが直接の原因だったかどうかはわかりませんが、そろいもそろって、電化製品のごとく次々とおかしくなってしまったのでした。

評判のよい獣医さんの噂を聞いては西へ東へ、どんなに遠くても訪ねていきました。軽めの症状の犬たちはそれなりに落ち着いてくれたのですが、ナジャの母犬であるハンナに関しては、何件の獣医さんを訪ねたことか。シュナと一番長く一緒にいたハンナは、シュナの火葬後、シュナが出ていった玄関で待機するようになりました。呼んでも連れ戻しても、夜になると玄関へ。ある日、口からよだれが垂れるようになり、ごはんも食べたり食べなかったり。大好きだったお散歩も行きたがらなくなり、あちこちの病院で診てもらいましたが、原因が特定できません。どこの病院でも、とりあえずのステロイドが処方されるだけでした。

この頃は、動物の高度医療センターが設立される直前で、重篤《じゅうとく》な場合は大学病院を紹介されるのが通例となっていた時代。ところが、ハンナの場合はなぜかど

この獣医さんも「大学病院を紹介します」とはならず、釈然としないままステロイドで様子を見る状態が続いていました。けれども容態は一向に改善せず、どちらかというと悪化しているようでもありました。

　このときは、シュナの最期に対する反省がありました。無知でいたこと。見ているようで何も見えていなかったこと。あのときの「失敗」を繰り返さないように。それだけが頭の中をぐるぐるぐるぐるとしていました。

　そんな中、個人のクリニックにもかかわらずＭＲＩを備えている病院と出会いました。最新の機器と最先端の処置を優先する病院。よだれが止まらないハンナを見てすぐに、ＭＲＩを撮りましょうとなりました。これで原因を特定できる。治療ができる。わたしは最善の治療ができるであろうことに満足していました。

　全身麻酔をかけての検査。こちらの先生も「麻酔は大丈夫だ。何も心配はいらない」と言います。それを疑うこともなく、原因の特定と治療法さえわかれば何とかしてあげられると、一刻も早く麻酔をかけて検査してほしいとお願いをしていました。

今思えば、一生懸命やっている自分に満足しているだけ。こんなにも一生懸命やっているのだから大丈夫。ここでもハンナの気持ちや体調を本当のところで理解してあげられていたかというと……、まったく自信がありません。

当時、最先端の医療に安心していたわたしは、ハンナはもちろん、特に大きな問題のない他の犬まで、ＭＲＩを撮りました。元気なときに撮っておけば、何かあったときに比較できるから安心だ、と提案されたから。そんな恐ろしい提案をすっかり鵜《う》呑《の》みにして、ハンナと血がつながっているナジャとクワンにも、やすやすと全身麻酔をかけてＭＲＩを撮りました。

結果、ハンナは自己免疫疾患と診断され、けっきょくステロイドで調整するしかない、とのことでした。その結果を受けてもなお、ある程度わかったうえでのステロイドだから少し安心、なんて思ったりしていました。

そもそもＭＲＩで原因がわかったとして、治療法にステロイド以外の選択肢があったのか？　どんな原因であれステロイドに頼るしかないのであれば、ＭＲＩを撮る必要はなかったのでは？　さらに、何のために元気な犬にまで全身麻酔を

かけてMRIを撮ったのか？　今からすれば、疑問に思うことばかりです。

それからのハンナは、免疫力の低下からか、もっともっとおかしなことになり、血圧コントロールが不能に。今度はCTを撮りに、できたてホヤホヤの高度医療センターへ。挙句の果てに、脾臓を摘出。このときの先生の説明は「脾臓は盲腸同様、あってもなくても関係のない臓器だから摘出しても大丈夫」とのことでした。

そこからハンナの血圧は安定するどころか、相変わらず不安定な状態が続き、昔のように浜を走り回ったり、他の犬たちをしかっていばり散らしたりという、ハンナらしい一面は消え去ってしまいました。


そんな中、友人の紹介でたどり着いたのが、今の主治医。初めてハンナを診てもらったとき、おおげさな検査をすることもなく、とにかくハンナの全身をくまなく触り、体の声を聞き、そこから想定される見立てと治療の有効性を丁寧に説明してくれました。検査結果からだけではなく、先生自身の経験値を含めた見立てです。命をつなぐ可能性に関して五分五分であることを告げたうえで、やれるだけのことはやってみると言ってもらったときは、全身の毛穴がゆるみ、いろんなものが吹き出した感じがしました。

そこから、ハンナのがんばりと、主治医の絶妙なさじ加減の治療とで、生きることほぼ2年。入退院を繰り返すこともありましたが、少しだけハンナらしい面も取り戻し、わたしに食事療法への興味も持たせてくれ、13歳まで一緒にいてくれました。

この13歳はハンナの寿命だったのか、おおげさな検査や麻酔の繰り返しなどで縮めてしまったのかはわかりません。けれども、ハンナにとってベストな選択をしてきたのかと問われたならば、きっとベストとは言いがたかったなとわたしは感じています。当時は、シュナのときの無知を悔い、命を引き延ばすことに必死でした。それは犬たちのためではなく、離れたくない自分のため。

もっと一緒にいたい。まだ生きていてほしい。けっきょくは自分の欲求を満たすための検査、治療だったのではないか。ハンナにも、いらぬ検査をさせてしまった犬たちにも、無駄にがんばらせてしまったと、今となっては胸が痛むのです。

信頼できる主治医の見つけ方

ネットや近所で評判のいい病院でも、行ってみるとしっくりこないことも。合う病院を見つけるには、自分が動物医療に求める価値観をきちんと知ることが大事。信頼する主治医が見つかれば、愛犬に何かあっても後悔よりも感謝することができるはずです。

1. 動物病院に何を求める？

どの病院も動物たちを治してあげたいと願う気持ちは同じですが、その方法はさまざま。それを選択するのは飼い主さんであり、それには自分が望んでいることを知るのが一番大事なポイントです。

例えば……

・最新の獣医療技術と設備のある病院がいい
・各科の専門の獣医師に診てもらいたい
・手術の上手な獣医師がいい
・東洋医学を取り入れた治療もしてほしい
・近くて待ち時間が少ないなどかかりやすさ重視　など

2. 病院によって違うポイント

以下のポイントを見ると、ある程度その病院の考え方を知ることができます。いずれにもメリット、デメリットがあることを知りましょう。

去勢避妊

性成熟によるマイナス要因軽減などのため、8カ月未満など早めに手術をする考え方がある一方、性成熟してから1歳半以降の手術をすすめる先生も。

ワクチン

定期的にきっちり打つ病院と、高齢になってきたときなどは負担を軽減するため、抗体検査をしながら足りないものだけを打つ病院がある。

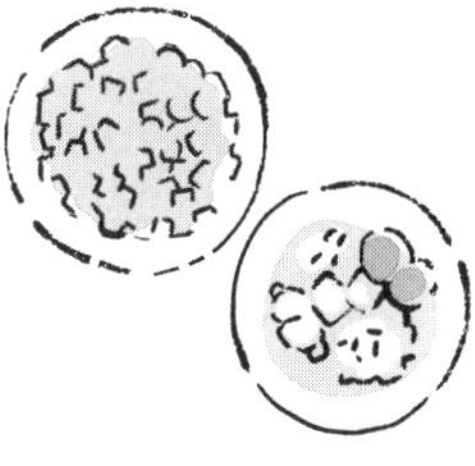

食事指導

基本的には総合栄養食のドッグフードをすすめる獣医師が多いが、手作りや生食を取り入れることを容認したり、栄養学の知識が豊富な獣医師もいる。

診察方法

飼い主が見えると甘えて暴れるため、処置室には犬だけを連れていく病院や、処置室にも飼い主が同行、あるいは目の前で処置をする病院もある。

あえてやらないこと

主治医に診てもらったあとのナジャは、ぐったりしつつも、目はしっかりしていました。

自分のエゴや欲求で引き止めることはしない。これまでの犬たちのときよりはずっと冷静に、これだけは貫いて、ナジャを安心させてやること、そして、いつでもナジャのタイミングで旅立つのを受け入れる余裕を持つことを心がけていました。

犬と飼い主は、すべてを共有します。心も体も、スマートフォンの同期のごとく共有すると確信しています。わたしの感情や体調はすべて、ナジャに限らず、一緒に暮らす他の犬たちもお見通しです。

無駄に心配しすぎないこと。

どうしよう、大丈夫？　あれ、何かおかしい……。ここも変だ、こっちも変だ……と心配の種を探し回っては心配を増やしたり、ひたすら観察し続けたり。ついついやってしまいがちですが、逆の立場だったら、調子が悪いときにじーーーっと見られて「あ～ここも、あ～あそこもおかしい……」とつぶやかれたら、ますます不安はふくらむし、わたしだったらうっとうしく思います。

ひたすらに、ゆっくりと休ませ、安心させてあげること。多少乱暴でも放っておいてあげること。干渉しすぎないこと。

緩和ケアに徹すると覚悟を決めて連れ帰った夜は、ナジャを横に、楽しいお話をいっぱいしました。楽しいことを口にしていると、不安が少し消えていきます。覚悟を決めたって、心の底では動揺が渦巻いていたりしますから。これから先の

わたしたち家族の人生計画とか、いつも行っている公園の桜の下でおやつを食べている様子とか、お店をもっとこんなふうにしたいとか、そこにはナジャのスペシャルスペースを作る予定だとか、息子がいつか結婚してお嫁ちゃんが来て、そのお嫁ちゃんと一緒にお散歩に行っている様子とか。妄想満載のこれから先の楽しい風景をイメージしておしゃべりしました。

心落ち着く音楽と、楽しいおしゃべりと、「全然大丈夫だよ」の言霊《ことだま》と。わたしは甘いものが大好きだからたっぷりのおやつを置いて、食べて飲んでしゃべって食べて飲んでナジャをなでて、を繰り返しているうちに、ナジャがわたしの食べているシュークリームを要求してきました。

「食べるの？」

クリームを指ですくって口に持っていくと、ペロリ。弱々しいけど、ペロリと。

もしかしたら、乗り越えられるかも。

ここからはほめ殺しです(笑)。「すごいよナジャ、肝臓ぶっ壊れてるのに、シュークリーム！　って。さすがだねぇ。普通じゃないねぇ。嬉しいねぇ。ナジャ、大丈夫だよ。絶対大丈夫だよ」って。

人には見せられない寄席《よせ》みたいなことになっていたと思うけど、できるだけどよ〜んとしてしまわないように、いかに気持ちもお部屋の空気も上げていけるか。そんな一見おかしな夜を過ごしたのでした。もちろん、スマホの電源はあえて落として。

手作りごはんのススメ

「犬の手作りごはんは栄養バランスが難しいから、ドッグフードしかあげたことがない」という人もいるかもしれません。でも、犬にとってもごはんは大きな楽しみの1つ。喜んで食べてくれるようなら、気張らず、手作りごはんに挑戦してみませんか？

1. 用意するもの

見た目のかさで、肉・魚と野菜が同じぐらいになるように用意。
食材はできるだけローテーションし、旬の食材を取り入れて！

《材料》（体重約5kgの場合の1日分）

・水……200ml
・ささみ……140g（約2本）
・ジャガイモ……40g（約1/3個）
・ブロッコリー……30g（約1房）

◎肉・魚の量の目安は、体重10kgで1日約230g、20kgで380g、30kgで510g、40kgで630g。
◎ささみを生鮭に入れ替えてもOK。旬の野菜も積極的にプラスして！

※タマネギや長ネギなどのネギ類、ブドウ、チョコレートなど、犬に与えてはいけない食材は使用しないでください。
※病気によっては栄養素を制限されることもあるので、獣医師に確認しましょう。

2. 作り方

基本は人間の雑炊と同じ。鍋1つに、水と、火が通りにくい順に食材を入れて、10分ほどでささっと作りましょう！

❶ 鍋に水200mlを沸騰させ、ささみを入れてひと煮立ちさせる。

❷ ❶にブロッコリーと、ジャガイモを生のまますり入れ、さらに3分ほど煮る。

❸ ❷を器に移して冷ましながら、ささみを手でほぐす。

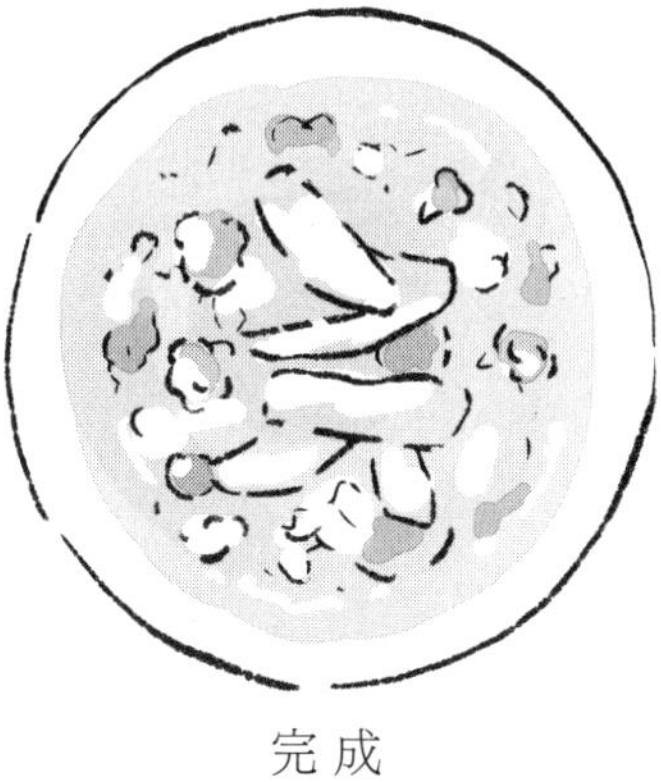

完成

第2章

《闘病期》
飼い主にできることって？

生命力

玄関で倒れていた朝から3日が経ち、ナジャは奇跡的に少しずつ食欲が戻ってきました。あのままいつ心臓が止まってもおかしくない状況から、1時間、1晩、1日がありがたくて、気が付いたら3回目の朝を迎えていました。

その間、ナジャが食べたものはと言えば、シュークリームから始まり、バニラアイスクリーム、カスタードプリン、どらやきのあんこ、モンブランの栗……。犬には禁断の食べ物連発です。水分だけは絶やさずあれこれ工夫して飲み込んでもらっていましたが、まさか食べ物を口にしてくれるなんて思ってもいなくて。

食べられるわけがないと決めつけていたこともあって、ごはんはもちろん、何か食べ物を用意することなんて、思い付きもしませんでした。

わたし自身の気持ちの安定剤として用意した甘味を欲しがり、ひとなめ、ひと口、飲み込むごとに、少しずつ精気が戻ってきたように感じました。糖分がすばやく体に染み込み、脳を刺激してこの世に引き戻してくれている。そんな感じです。

主治医のところから帰ってきて1日目は、命をつなぐというよりは、最期に辛くないように、苦しくないように、そして笑顔を絶やさずに過ごしたのですが、2日目には「もしかしたらもう少しいてくれるかもしれない」と感じていました。そして3日目のお昼には、精のつくもの、消化に負担をかけないものをあげてみようかな、と。

こんなときの生卵は最強です。流し込める、消化に負担をかけない、そして、何よりも免疫のバランスを整えることが得意な食材。

よく「免疫力をアップする食べ物を」というフレーズを使いますが、体調が落ちているときに免疫力をアップするなんて、そう簡単にできるわけがありません。自力で免疫力を維持調整できる状態ならば、ここまでおかしなことにはならないわけで、どうにもこうにもうまくいかないからこうなっているわけで、そうなると、今持っている免疫力をいかに効率よく活用できるかが鍵だと思うのです。

よさそうなものをあれこれ取り混ぜて免疫力アップをはかるよりも、できるだけシンプルに。内臓の仕事を極力減らし、消化にたくさんのエネルギーを必要としないものを。

卵は卵でも、いろいろあります。こんなときは、卵自体が健全で、病んでいないものを。例えば、薬漬けで振り返ることもままならない狭い空間で暮らしている鶏と、平飼いで伸び伸びとストレスフリーで暮らす鶏。どちらの卵のほうがエネルギーが高く、いらぬものが混ざり込んでいないか。

不純物（体に害はなくても）の多い食べ物を食べると、内臓にはそれを分別し排除するという仕事がプラスされます。不純物が少ない卵なら、その小さな仕事を減らすことができます。傷《いた》んだ体には、できるだけいらぬ仕事をさせない食材を入れてあげたいと思うのです。

実はわたし自身は、生卵にはあまりいい思い出がありません。

小学生の頃、わたしは走るのがとても得意で、短距離も長距離もそこそこ走れて、リレーのアンカーを務めるような女の子でした。マラソン大会の朝、母が「精をつけていきなさい」と、出かける直前に玄関先に生卵と目打ち、お醤油を手にやってきました。生卵の頭に目打ちで穴を空け、そこへお醤油を流し込み、一気に飲んでいけと。蛇女です。通学路でも教室でも、ずっと生卵がつかえていて、若干気持ち悪いままマラソン大会がスタート。つかえていた卵はコースの中盤で逆流し、胃から飛び出してきました。以来、わたしは速く走れなくなったという残念なオチがあるのです。

それはともかく、平飼いで、餌に栄養強化剤などを使用せず、自然に近い環境で育てている養鶏所へと車を走らせ、急いで卵を買って帰りました。持ち帰って

きた卵をさっそく割ってみると、黄身がプリプリに盛り上がっています。卵黄のみをシリンジに取って、少しずつナジャの口の中へ流し込みます。嫌がって吐き出すようなら、無理に入れることはせずすぐにやめるつもりでしたが、全卵1個分、ぺろりと食べてしまいました。

命がつながったなと、約50年ぶりに生卵に感謝することができました。奇跡です。ナジャの生命力のたくましさに感動つつ、過去に旅立った犬たちの目に見えないサポートにも感謝し、4日ぶりに、ナジャを隣にぐっすり眠ることができました。

嫌がらせない薬の飲ませ方

犬は苦味が苦手で、甘味は大好き。人の数千倍も鼻が効き、嫌な匂いにも敏感。高齢になると特に、好みも頑固になります。投薬で一度嫌な思いをすると警戒してしまうので、できるだけイライラせず、飲めたらほめちぎりながら、楽しい時間になる工夫を！

1. 薬の種類と特徴

薬には主に以下の3種類があります。愛犬にとって飲みやすい形にして、飲ませてあげましょう。

1. 錠剤

ごはんを食べられるなら、食事に混ぜたり、食べ物で包んだりすればスムーズ。ピルクラッシャーで粉状にすれば、粉薬同様、水に溶かしてシリンジで飲ませることもできる。➡Ⓐ、Ⓑ、Ⓒ、Ⓓ

2. 粉薬

苦味があると、食事に混ぜても気にして食べないことがある。粉薬を手のひらにのせて極少量の水で練ると、錠剤同様に飲ませることもできる。➡Ⓐ、Ⓑ、Ⓒ

3. カプセル

中身を出せば粉薬同様になるが、カプセルの薬はとても苦く、嫌がることが多い（出す場合は獣医師に確認を）。流動食を入れたケチャップポットの先端にカプセルをはめて、流動食と一緒に流し込む方法も。➡Ⓐ、Ⓑ、Ⓒ、Ⓓ

2. 飲ませ方の工夫

Ⓐはごはんをちゃんと食べられるとき、Ⓑは食べたり食べなかったりのとき、Ⓒ、Ⓓは食べ物を受け付けないときにおすすめです。

Ⓐ 食事に混ぜる

ごはんを食べられるなら、一番簡単で確実な方法。カプセルの場合は、そのままでも、中身を出しても、飲んでくれるほうでOK。

Ⓑ 食べ物に包む

サツマイモやチーズ、肉、食パン、カステラなど愛犬の好きなものに包んで与える。投薬補助用のおやつも市販されている。

Ⓒ 水に溶かしてシリンジで

粉薬を少量の水に溶かして、ほんの少し上向かせ、シリンジを使って犬歯の後ろから少しずつ入れる。薬に苦味がある場合ははちみつやヨーグルトなどを少し混ぜるとよい。

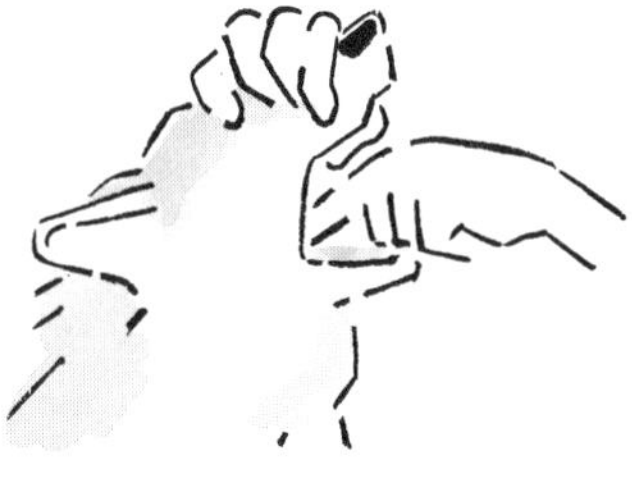

Ⓓ 舌の奥に入れる

少し上を向かせて口を開けさせ、舌の奥のほうに薬を置く。上を向かせたまま口を閉じさせ、喉をさすって飲み込ませる。ごはんを食べないときでも使える方法。

食べる楽しみ

消えてしまいそうなナジャを、引き止めるのではなく、気持ちよく旅立たせるためのケアとして、ひたすら温め、話しかけ、そして一縷《いちる》の望みの水分補給だけはおこたらず。そんな3日間から、ナジャの踏ん張りと、お空組の奇跡のサポートと、主治医が施してくれた緩和ケアと、信頼するセラピスト〝ゆめたま〟さんのボディトーク療法（P.121参照）と……。いろんなことが相まって、「まだ生きますよ」の意志をはっきりと見せてくれたナジャ。

ここからは気持ちを切り替えて、いかに長くではなく、いかに毎日を機嫌よく過ごさせるかにフォーカスし、やるべきこととやるべきではないことを整理しました。

まずは、今の状況をきちんと把握すること。体調、気分、抱えている疾患そのもの、これらはインターネットの情報ではなく、目の前のナジャの状況をよーく観察し把握すること。例えばネットで「肝臓がん　破裂」などのワードで検索すると、たくさんの経験談や悲しい事例が挙がってきます。参考になるお話もありますが、感傷的なものは、これからケアをしていくうえでは不要。個々に体調、環境、性格、先天的に持っているもの、すべて違います。比較することに意味があるのでしょうか。

あれこれ時間をかけて体験談や事例を検索して、何を知ることができるのでしょうか。その先どうなるか？　何をしたか？　何がよかったか？　明確な答えは、おそらく見つかりません。心配の種はふくらみ、自分の判断を疑ってしまったり、迷いが生まれたりと、気をもむ材料を探しにいっているような時間になりかねない。下手したら心が折れます。

検索すべきは、今抱えている病気がどんなものなのか、どんな治療法があるのか、どんな対処法があるのか、そもそも肝臓とは何なのかなど、理論や明確な知識。もちろんそんなところは主治医にお任せしておけばいいと言えばそれまでだけど。感傷的な体験談を読み漁《あさ》る時間と心の余裕があるならば、明確な知識を得る時間、愛犬と向き合う時間のほうがはるかに大事かな、と思っています。

ちょうどこの頃、犬への食事療法に本腰を入れてやっていきたいと思い始めた時期でした。ケアの食事を考えるうえで一番に思うことは、何のための、何のケアか。そこをたぐるには、犬の体や病気、栄養について、根本的に知っていないと理解できないことがたくさんあります。今回のこの事態も、ナジャが自分の体を通して、知るべきことをわたしに教えてくれようとしている気がしました。

もともとナジャは食いしん坊です。食に関しては貪欲で、差し出されたものを断ることはほとんどありません。何でもおいしく、喜んで食べる犬です。

最近では、愛犬の年齢に関係なく、ごはんやおやつを食べさせるのに苦労されている飼い主さんも多く、好き嫌いが激しい（実際は食べられる・食べられない、だと思うけど）、おやつに興味がない、ごはんの時間が楽しそうじゃない、などなどのお悩みは少なくありません。そして、このお悩みは解決に導くのがとても難しかったりします。そもそも体のどこかのバランスが崩れているのでは、と思うのですが、この偏食を「ウチの子はグルメなの」で笑って片付けてしまっていては、いざ病気になったとき、リカバリー力に大きく影響すると感じています。

人もそうですが、何でもおいしく食べられる人ってエネルギーに満ちあふれていますよね。犬が骨でも肉でも野菜でも何でもガツガツパワフルに食べる様子を見ていると、自然と顔がほころび、元気をもらえます。

食べるって元気の源《みなもと》。そこに嬉しい、楽しいが加わると最強です。犬の手作りごはんの楽しさやおもしろさ、そして重要性を教えてくれたのも、ナジャはもちろん、過去や現在に、縁のある犬たちです。

ナジャは生卵の黄身以来、何でも食べ始めました。いつものごはんも完食する

という、信じられない食欲を見せてくれました。こうなると、肝臓とは何ぞや、脾臓とはどんなケアが必要なのか、とことん調べまくり、食べさせては、うんちやおしっこで答え合わせをする日々。

　口から食べたものはおしりから出て、通過した内臓の様子を教えてくれます。脂が多ければ、ねっとりしすぎで沈むうんち。水分が足りなければ、パサつきコロコロのうんちなどなど、うんちで答え合わせをしながら、毎日いろんな食材をあげてみました。朝は鶏のささみとレバーに野菜がたっぷり、夜はイワシにもずくときのこたっぷり、お汁もたっぷり、という具合です。

　ナジャは、この毎朝毎晩替わるごはんが、楽しみで仕方ない様子。最初は、香りがしてくるとベッドから頭を上げて、きょろきょろして様子をうかがうだけでしたが、1週間か10日ほどたった頃からは、わたしが台所に立つと足下までテコテコ歩いてくるようになり、いつからかジタジタしながら待つまでに回復していました。胃袋をつかむとは、こういうときにも使えるのかな。食べる喜び、食べてくれる喜び。食べるほうも作るほうも、何とも幸せな喜びです。

この頃どんなものをあげていたか、残念ながら記録していなくて、記憶も定かではないのですが……。

ただひたすらに、肝臓を掃除してくれるであろうデトックス効果が高いと言われる食材を中心に、がんが喜ぶ糖質は控えめに。そして、水分だけは「こんなに飲ませて大丈夫だろうか」と思うほど与え、むくまないようにおしっこもいっぱい出してもらい、フルボ酸を惜しげもなく肝臓あたりにジャバジャバかけて、口から皮膚から吸収させ、体の中に溜まりがちな老廃物を出す出すキャンペーンを。免疫力を上げるとか保つとかはとりあえず置いておいて、ひたすらにいらないものを出し、血液をきれいにすること。まずはそこに集中していました。

季節的には、イチゴがおいしい時期。養肝効果があると言われるイチゴは、そのまま、もしくはヤギミルクや豆乳と合わせてイチゴミルクにして、ほぼ毎日、食間に与えました。イチゴとナジャがかわいくて、何枚写メを撮ったことか。目をキラキラさせたナジャとイチゴの写真が、スマホにたくさん残っています。

食べムラ期の食欲アップ作戦

内臓に不調があると、食べたくても食べられないのは犬も同じ。食べないと不安になりますが、水分はしっかり摂らせたうえで、たまには半日ほど内臓を休ませて様子を見ては。また、シンプルに食材単品で与えると、意外と受け付けてくれることもあります。

1. 消化によいものを与える

胃腸に負担の少ない、消化に優しい食材を選んであげてみましょう。また、温める、ふやかす、よく煮る、すり下ろす、ペーストにする、食物繊維を少なくするなど、調理法も工夫を。

卵は炒り卵にしたり、黄身だけ生で与えたり、スープに溶いてかき玉汁にしたり。

米：水＝1：10～20ぐらいのゆるいおかゆも消化にいい。

ささみはゆでて細かくほぐして与えて。

下痢を繰り返している場合は、ニンジンや小松菜などを切って煮たあと、キッチンペーパーや布でしぼって繊維を取り除き、しぼり汁を与えるのがおすすめ。

2. 嗜好《しこう》性を上げる

同じ食材でも調理法を変えるだけで食べられることも。特に、嗅覚を刺激して唾液を分泌させ、きっかけを与えるのがポイント！

ふりかけをする

いつものごはんに、カツオ節やほぐした干しエビ、青のりをトッピング。肉や魚をフードドライヤーで乾かしてミルサーにかけ、ふりかけを作っても◎。

焼いて香りを立てる

肉や野菜は焼くことで香りが立ち、それがきっかけで食べられることも。フライパンで炒める他、魚焼きグリルで焼くのもおすすめ。

薫製する

キャンプなどで人気の薫製に、飼い主も楽しみながら挑戦を。香りで嗜好性がアップ。肉や魚、貝類などたんぱく質を中心に試してみて。

甘みをプラス

いつものごはんやヨーグルトに、はちみつや黒糖などで甘みを足すと食べられることも。鼻の頭や舌の上に少しつけて、なめさせるのもあり。

毎日の地道なケア

ナジャが倒れていた日から、できるだけ欠かさず続けていたケアがあります。

それは、体を温め流すこと。

方法は、時間のあるとき・ないとき、期待される効果・効能、季節などに合わせて、そのときどきでさまざまですが、わたしにしては続けることができた、また今いる犬たちにも続けることができている、ケアの1つです。ナジャには、倒れたその夜から亡くなる直前までの約4年間、疲れ果ててお休みする日もありましたが、ほぼ毎晩、寝る前の日課にしていました。

ナジャが倒れる前の数カ月、わたし自身が心身ともに落ちていて、温め流すケアをしばらくお休みしていました。13歳とはいえ比較的元気にしていたナジャ。少しの衰《おとろ》えを老化のせいにして、バランスを崩していたり、滞っていたり、うまく機能していないことに気が付いていなかったのか、受け入れていなかったのか、無意識にフタをしていたのか……。結果、突然の腫瘍の破裂が起こってしまいました。たとえ「沈黙の臓器」の肝臓に腫瘍ができていることがわからなかったとしても、老犬にできるケアをおこたっていたことは事実です。

老犬たちにすべきケアは、体を冷やさないこと、筋肉を維持すること、水分をしっかり摂取すること。この3つだけは、とにかく気に留めておかなくてはならない大事なポイントです。

ナジャが倒れたその夜、よくよくナジャの体を触ると、四肢や腰が驚くほど冷たくなっていました。いつからこんなに冷たくなっていたんだろ。真冬に足先が冷たくてなかなか寝付けない夜がたまにありますが、ナジャもこんなに冷えてい

たら、心地よく眠れない日もあったのかな。真冬でもないのに、なんでこんなに冷えちゃってるのかな。全身まったく巡っていなくて、悲しくなりました。毎日ブラッシングをする習慣もなく、何気なく体を触ることはあっても、無意識のスキンシップでは気が付いてあげられなかったのです。

　時間がないときはホットタオルやあずきカイロで、とりあえずの合間にはかっさ（天然石や水牛の角からできたプレート。P.68参照）で、梅雨の季節や夏の冷房で冷えてしまったときはドライヤーで、ゆっくり気持ちにも時間にもゆとりのあるときはお世話になっている『桜みなみ鍼灸院』で教わった温玉やビワの葉を当てた温灸で。もちろん、夜には湯たんぽもよく使いました。

　使わなかったのは、電気のホットカーペット。その代わりに、血流をアップするという特殊繊維のマットや電磁波を除去する繊維のシーツには、よく寝かせていました。

　夏は夏で冷房で冷える。冬は当然寒いから冷える。春と秋は夏や冬ほど冷えないにしても、季節の変わり目は、自律神経の乱れから血流が停滞して冷える。けっきょく、年中冷えは入り込むのです。季節に関係なく、温め流すに越したことはないのが老犬なのに、それをおこたってしまっていたのでした。

体を温め流して免疫力をキープ

体温が1度下がると、免疫力は30％低下すると言われています。愛犬の体を温めて、血流を促進し、体温を上げることで、免疫力を保ちましょう。温めアイテムを軽く当てて、動きはゆっくりと、5〜15分程度で行うのがポイントです。

1. おすすめ温めアイテム

温め流すアイテムにもいろいろあり、それぞれメリット、デメリットがあります。愛犬が気持ちよく受け入れてくれる方法を見つけてくださいね。

1. ホットタオル

熱に強いジッパー付きビニル袋に、濡らして軽くしぼったタオルを入れて、レンジで1分。ビニル袋ごと体に当てて温め流す。特別な道具がなくても、今すぐできる方法。

2. あずきカイロ

人用に販売されているもの。目用は細かい部分に、肩用は腰や首まわりを温めるのに向いている。布にあずきを入れてチンしてもOK。

3. 温灸

ローラー式の温灸棒に薬草の灸を入れ、転がしながら温める。薬効もあり、体の深部まで熱が入りやすい。煙が出るので換気が必要。

4. かっさ

水牛の角で作られたプレートで、ツボに沿ってなぞるように流す。どこでもできて深部に届くのがメリットだが、瞬時には温まらない。

5. 温玉

沸騰したお湯で温めた石。温灸とかっさ、両方の効果が期待できる。使うには講習を受けて、専門知識を学ぶ必要がある。

2. 温める順番と場所は？

まずは、内臓にかかわる大事なツボがたくさんある背中から温め始めましょう。愛犬の様子を見ながら、ゆっくり動かしてあげて。

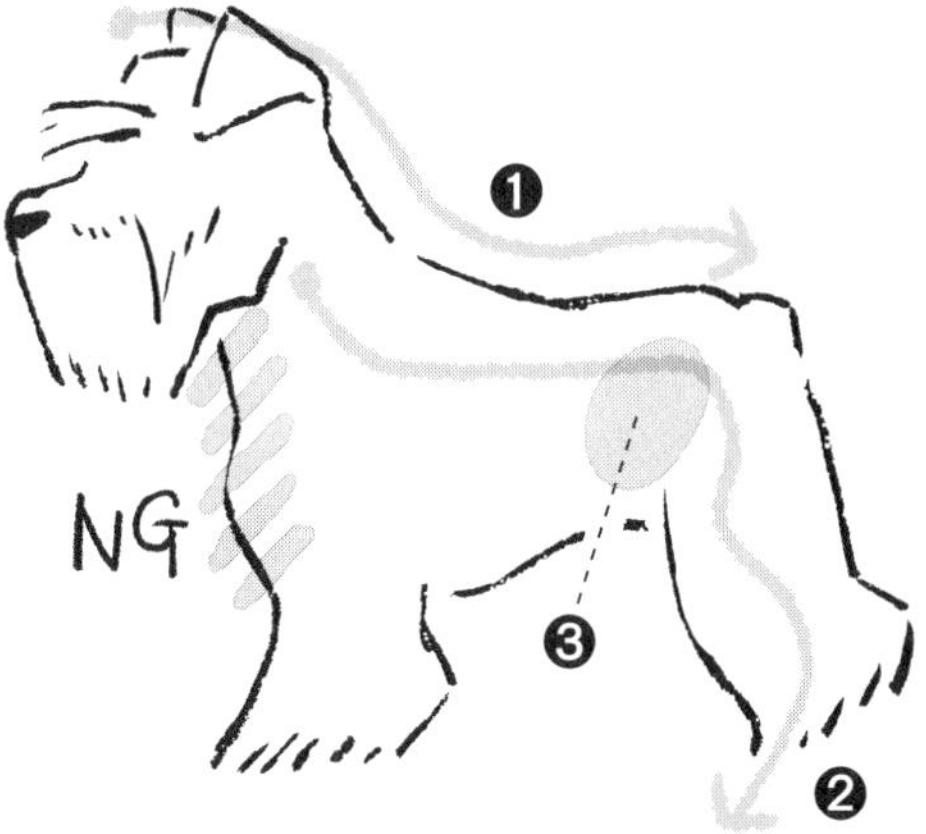

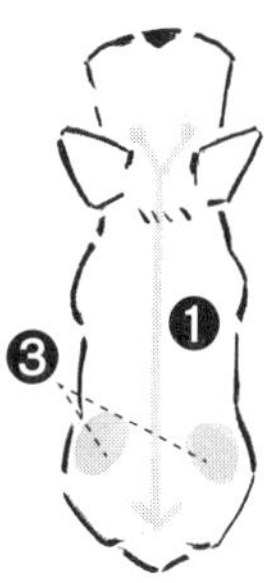

背

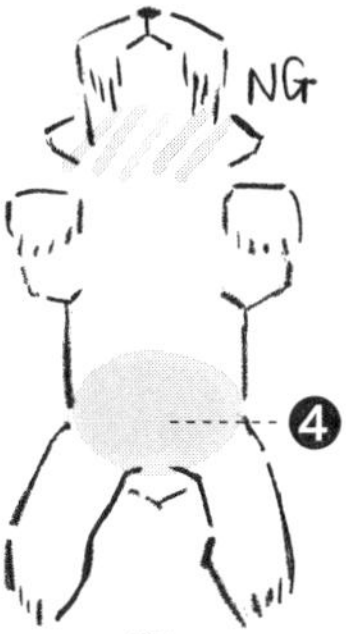

腹

❶ まずは背中から。目頭から頭部を通って、背骨に沿って下りていき、シッポの付け根まで温める。

❷ 次に、体の側面を。首元から横腹、モモを通って、足先まで。

❸ モモの付け根に当てて、腎を温める。

❹ お腹を壊しているようなら、お腹側も。

※喉元を温めるとのぼせてしまうため、絶対に温めないこと。

いつも通りでいること

ナジャが倒れた日から２カ月が経ち、１カ月に２回の、肝臓のがんのエコー観察以外は、特にお薬を入れることもなく、食べて寝て日向ぼっこして、看板犬してお客さまからおやつをもらって、すっかりいつもと変わらぬ穏やかな初夏を迎えていました。

ゆっくりだけどお散歩も楽しめるようになり、匂いを嗅いだり、お友達の犬とあいさつを交わしたり、風に吹かれたり、五感に刺激を与えつつ毎朝小一時間テクテク欠かさず歩きます。お天気のいい日は庭の土の上に横たわり、エネルギーをチャージ。ナジャも犬としての習性というか、野生というか、自分を整える術《すべ》をちゃんと知っています。もちろん、おやつをもらうことも忘れません。

相変わらず肝臓のケアはおこたりません。肝臓にとって一番の仕事である代謝と解毒を、最低限にすること。口から何かを入れたら入れただけ仕事が増えます。それは食べ物でもお薬でもサプリでも。だから、ごはんは必要最低限の量を、口寂しくならないように、毎日あれこれ工夫をしつつ試しつつ作ります。

このナジャごはんを作っているときは、どんなに忙しい中でも、嬉しい時間です。人のごはんもそうですが、作って食べておいしいと言ってもらえる、おいしいと感じる瞬間って、自然とじわぁ〜っと幸せがにじみ出ますもんね。息子のお弁当も、空っぽで返ってくると無条件に嬉しかったり、少し残っているとがっかりしたり。犬のごはんも同じで、器がピカピカになるまできれいに食べてくれると、顔が自然とほころびます。器に突進していく勢いがなかったり、器に残っていたりすると、顔はくもります。

5月に入った頃から、ナジャはごはんを食べたり食べなかったり。気温が上がり始めた時期から、どこかうまくいっていない様子で、土の上で寝ている時間が増えてきました。野生の動物も、怪我をしたときや具合の悪いときは、少し地面を掘って冷たい土の上でじっと安静にしているのだそうです。冷たい土で冷やしつつ、土のミネラルを補給して、大地のエネルギーをチャージして、ということなのでしょうか。人も土いじりしていると、不思議と癒されますもんね。

新月の夜、滅多にというか、おそらく一度も吐いたことのないナジャが、ポンプで圧《お》されたようにブシャッと吐き出しました。目が左右に激しく揺れ、いわゆる眼振《がんしん》の様子。平衡《へいこう》感覚がおかしくなる、前庭《ぜんてい》疾患かな。これは気持ち悪いわね。

ここ数日、食欲も減退していたし、土の上にいる時間も長かったし……。さらにこの頃のわたしは他のことでの心労も重なって、ナジャの様子がちょっとおかしいなと感じていながらも、温め流すことと水分をしっかり与えることが、またもやおろそかになっていました。喉元過ぎれば熱さを忘れる、です。たいして時間を取られるわけでもないのに、うっすら気が付いていながらも後回し。少し上向きになっていたナジャを過信してしまいました。

ほんの少しの手抜き。そしてわたし自身の心の乱れ。ギリギリのところで平穏を保っている老犬には、ダイレクトに影響してしまいます。ここ数日、自分たちの食事さえ手抜きが続き、心配ごとで心が押しつぶされそうになる毎日。心配ごとなんて、心配したって何も解決しないのに。心配は心配を連れてくるとわかっているのに。

年明けから間髪入れずに起こる災い、というとおおげさだけど、このときは本当にいろんなことが次々に重なって起こりました。まず、一緒に暮らすもう1頭の犬、コボの水晶体脱臼。次に、夫の不調。夫は数年前から小脳の萎縮が始まり、少しずつ四肢がうまく動かせなくなる病気を患っているのですが、1ステージ落ちた感じで沈んでいました。そして、その影響もあり、破綻しそうな経済状況。さらにこのタイミングに、大家さんの事情で引っ越ししなければならなくなったこと。数年前に、せっかく建てた家を手放すことになり、やっと落ち着いて暮らし始めたところなのに。猫3匹、犬2頭と一緒に住める家を賃貸で探すのはかな

り厳しく、かといっていきなり家を購入するなんてこともできず。そこにナジャのことも含め、当時は呪われているのかと思うほど、てんやわんやを引き寄せていました。がんばれ、わたし。

そんなわたしの心労を、見事に共有してしまったナジャ。翌朝、病院に駆け込んで診てもらうと、いわゆるメニエール。犬のメニエール、あるのですね。水分バランスを整える点滴と、強めのお薬は肝臓に負担がかかるということで、漢方を処方してもらいました。めまいの緩和、何より水滞の改善に効果があるという「五苓散《ごれいさん》」。

おそらく、水分摂取が減っていたこと、いらぬ水分を排出できずに汚れた水分が停滞していたこと、血液の循環が悪くなっていたこと、そこに心の乱れが加わっての結果です。

どんなときでもいつもと変わらぬ平常心を保つって、難しいですね。でも、どんなときでも大丈夫。何とかなる。絶対に大丈夫だと、大丈夫なイメージを持つこと。そして、信じること。心配したって何一つよい方向へは向かわない、心配している時間からは何も生まれない、と真に知ること。

50歳を過ぎて、改めて思い知った一幕でした。

ちょっとした愛犬の体調の変化に一喜一憂することも多々ありますが、飼い主がいつも通りでいること。それが、彼らが自然と心地よくいられる一番の秘訣だと。

いつも通りとは、空を見上げてきれいだと感じたり、いつもの食事がおいしいと思えたり、家族や友人との他愛もない会話が楽しかったり、ささやかだけど心にたくさんのゆるみがあること。そうしていれば、一緒に暮らす犬や猫たちも、自然と心地よい毎日が過ごせるはず。

闘病に欠かせない水分の与え方

犬の体の約60%は水分で、10%でも減少すると死に至る可能性があると言われます。老犬や闘病中の犬は、運動量が減少して渇きの自覚が減ったり、食事量が減ったり、寝ている時間が増えたりすることで、水分が不足しがち。意識的に与えましょう。

1. 1日に必要な水分量は？

あくまでも計算上の理想の数値ですが、獣医師会推奨の「1日に必要な水分量」は、以下の式で計算できます。ごはんのとき、食間、散歩後など、1日の中で数回に分けて与えてください。

1日に必要な水分量（ml）＝ **体重**（kg）×0.75**乗**×132

犬の体重	水分量の目安
5kg	350〜400ml
10kg	700〜900ml
20kg	1,000〜1,200ml
30kg	1,300〜1,500ml

※食べ物から摂取する水分も含まれる。

※スマートフォンの電卓アプリで計算する場合は、スマホを横向きにして関数電卓に切り替え、「体重（kg）の数字」「X^y」「0.75」「×」「132」を押す。

※避妊・去勢済みの健康な成犬の場合。避妊・去勢をしていない場合はこの約1.1倍。

2. 水分の与え方と工夫

老犬や闘病中の犬の場合、水分を飲みたいときに飲むだけでは不足しがちです。ごはんを汁だくにするとともに、食間（昼と夜寝る前）などある程度時間を決めて、こまめに少しずつ、意識的に与えて。自力で飲めない犬の場合は、体調を見ながらシリンジで少しずつ入れたり、寒天にして与えたりすると摂りやすいです。

肉や魚のゆで汁

飼い主や犬のごはん用にゆでた肉や魚のゆで汁をとっておいて、飲ませる。ゆで汁をまとめて作って冷凍しておくのもいい。

水に味を付ける

ヤギミルクや、ヨーグルトやヤクルトなどの乳酸菌飲料、甘酒、リンゴなどの果物のしぼり汁やジュースを水で薄めたもの、はちみつや黒糖などで甘くした湯冷ましを与える。

味付けなしポタージュ

トウモロコシやサツマイモ、ジャガイモなどを柔らかくなるまでゆでて、ブレンダーでペーストしたもの。人間用のポタージュを味付けなし、タマネギなしで与える。

寒天にする

肉のゆで汁やジュース、ヤギミルクなどと粉寒天を鍋に入れてよく混ぜ、火にかけて軽く煮立たせたあと、器に入れて冷やし固める。自力で飲めない犬でも水分を摂りやすくなる。

過保護にしない

眼振がなかなか治らない中、自力で立ち上がり、何とか歩こうと踏ん張るナジャ。その様子はまるで武術の酔拳のようです。ふらふらとよろけながら、大きな円を描くように倒れ込みます。それでも何度も何度も立ち上がっては倒れ、立ち上がっては倒れ、見ているのも辛くなるほどのふらつきです。芝生の庭先なので痛くはないと思いつつ、止めて抱き上げたくなる気持ちをぐっと堪えて、気の済むまで見守ります。

数年前のわたしなら、倒れるのがかわいそうだとか、怪我してはいけないとか、理由をつけてすぐに抱き上げて寝かせてしまっていたかもしれません。その「かわいそう」は、まともに歩けない愛犬を見ているわたしがかわいそうなのです。がんばって歩こう、自力で調整しようとしている犬の気持ちを丸無視している行為です。

ナジャだってきっと、もうしんどいとなれば、へたり込んで横たわるのだと思うのです。そこまで待てずに、というか見ていられずに、飼い主の気の済むようにしてしまうのは、見方を変えれば飼い主の自己満足です。

がんばっているときは、うまくいっていなくても手出しせずに見守る。簡単なようで案外と難しいもの。手を出してしまえば安心だし、楽になれるから。わたしだって、自分ががんばっているときに誰かに阻止されたら、消化不良というかエネルギーのやり場に困るというか、あまり気分のいいものではないですから。

こんな考え方にも、当然賛否両論あるでしょう。でも、それは何に対しても言えることで、いわゆる考え方の違い。今の日本における犬の飼い方一つをとっても、多様化が激しいですよね。

例えば、年中お洋服を着せる派。外に出るときはたくさんの重ね着や靴も履かせてケアする派。真冬でも犬そのものの姿で外時間をたっぷり作る派。どちらがいいとか悪いとかではなくて、単に好みや考え方の違い。ただそれだけ。

子育てと似ています。冬になると何枚も厚着をして登校してくる子、真冬でも半袖半ズボンの子、外が大好きで外でばかり遊んでいる子、インドア派の子。みんないろいろです。犬も飼い主も同じ、みんないろいろ。いろんな犬や飼い主さんがいるのだから。

ただ、１つだけ犬に成り代わってお願いするとしたら、犬とちゃんと向き合っているか、犬が求めていることなのか、犬が喜んでいることなのか、そこは飼い主の自己満足ではない視点を持っていてほしいな、と感じる今日この頃です。たとえ、その判断が犬の気持ちとズレていたとしても、犬の気持ちに寄り添って選んだことならば、愛犬は喜んで受け入れてくれるはずだから。

この頃からナジャは、心臓の雑音も確認されるようになりました。いわゆる僧《そう》帽弁閉鎖《ぼうべんへいさ》不全症です。心臓へのアプローチも、獣医さんによってかなり異なると感じています。僧帽弁閉鎖不全症にはステージがいくつかありますが、初期の段階でお薬を処方する先生から、後期ギリギリまでお薬を処方しない先生まで。これも、先生方それぞれに考えがあってのこと。もちろん個体差もありますが、店のお客さまの報告を聞いていても、ずいぶんといろいろなパターンがあるようです。

ナジャの主治医は、雑音はあるけど薬には頼らずに、できるだけ運動をコツコツして、心筋を使って鍛える提案をしてくれました。お薬は少なくとも肝臓の仕事を増やしますしね。わたしにとってはとてもありがたい処方でしたが、飼い主さんによっては「薬も出してくれない」と思う方もいるのでしょうか。心配とケアの方向角は、向いている角度でまったく違ってきますよね。

考え方や対処法にはいろいろありますが、今のわたしは、過保護だと感じることはしません。ナジャの自然治癒力を存分に引き出してやること、ある程度はナジャに委ねること、心地よく過ごせる環境を用意すること。これらはナジャ自身

が機嫌よく過ごせることに通ずると信じて、努めて意識してきました。

酔拳のナジャは10日ほど続き、少しずつまっすぐ歩けるようになりました。けれど、眼振は大なり小なり残って完全に治ることはなく、このとき処方してもらった五苓散も、最期のときまでずっと飲み続けることになりました。

とはいえ、あの腫瘤の破裂から復活した奇跡の日から4年半もの時間を、ナジャはがんとともにゆるゆると生き続けてくれたのです。

おむつや洋服、どう考える？

愛犬の終末期になると着せる機会の増える、おむつや洋服。被毛のある部分を長時間覆うことにはそれなりにデメリットがあり、犬らしい生活のためには必要最低限が理想と感じます。本当に必要な場合と、飼い主さんのお楽しみとを分けて選択しましょう。

1. おむつは最低限に

おもらしがひどい、留守番が長いなど、介護の負担が重い場合ややむを得ない場合を除いて、愛犬の尊厳のためには、おむつを使わないのが理想だと思います。また、おむつは腰まわりの血流を停滞させ、下半身の冷えにもつながります。どうしてものとき以外は、外してあげられるといいですね。

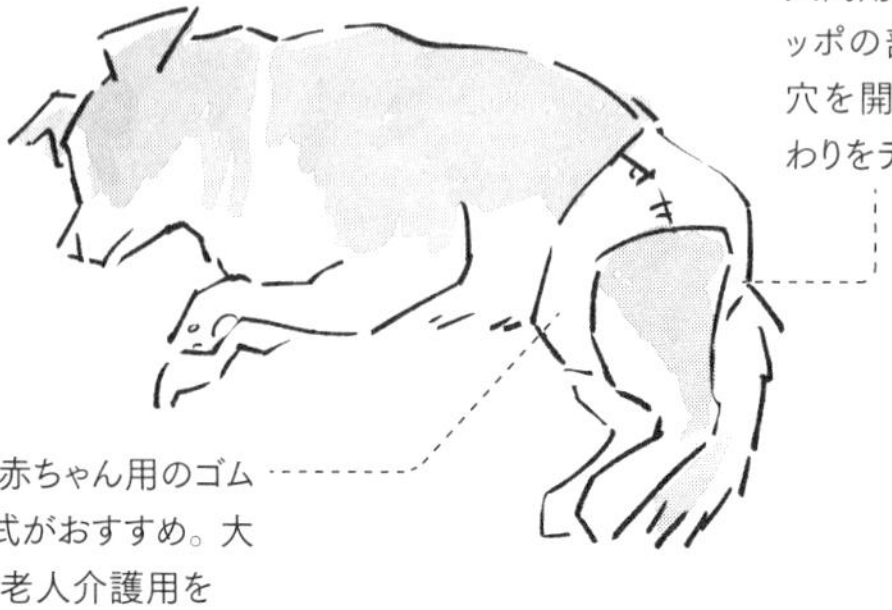

2. 服選びのポイント

犬の被毛には、温度や湿度を感じて調整するセンサーのような役割があると言われます。まだ問題なく体温調整できる段階なら、本来の自己調整能力を維持できるようにしてあげたいもの。そのうえで、服を着せる場合は、以下の点に気をつけて選んであげて。

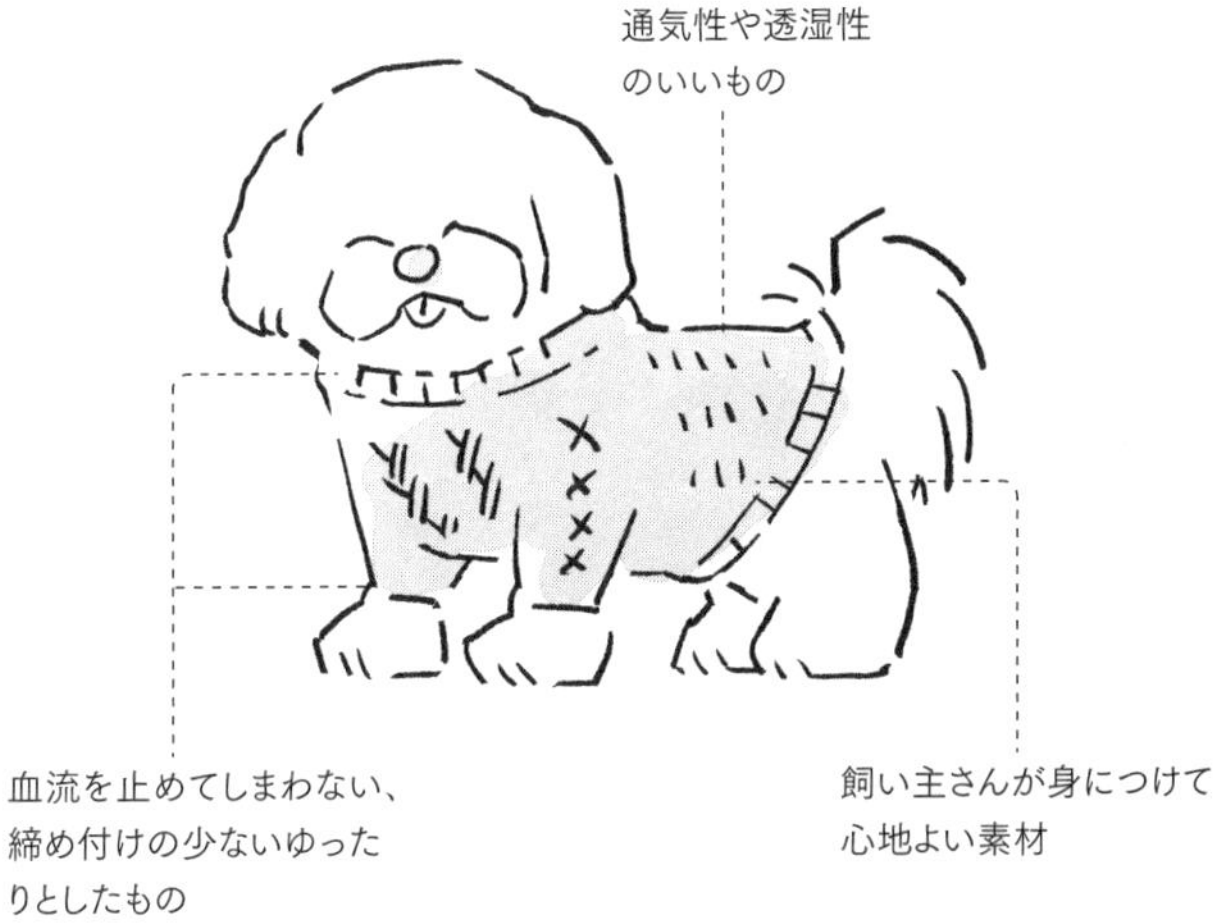

いつ、どれぐらい服を着せる？

体温調整がうまくいかなくなった犬に、ケアとして服を着せることは大切。ただ、例えば人間も24時間帽子をかぶったままだと頭が蒸れるように、着せっぱなしにはデメリットもある。特に湿気の多い梅雨には最低限に。また、寒暖差の少ないお日さまが気持ちいい日には、太陽の日差しをたっぷり浴びられるように、洋服なしの散歩がおすすめ。

難しい選択のときに

腫瘤が破裂した場合、一般的には開腹して、破裂した腫瘤や腫瘍そのものを摘出し、予後を見守るという選択が多いと思います。ナジャの場合、当時13歳という年齢などを加味して、主治医の後押しもあり、延命ではなく単に「痛みの緩和」と「見守る」を選択しました。

けれども、あのまま光の世界へ逝ってしまう可能性のほうがはるかに高かったわけで、決して手術しないほうが長生きできるなんて期待をして、手術をしなかったわけではありません。残り少ない命を、最期の最期に痛い思いをさせて、病気と闘わせ、がんばらせて終えるならば、その寿命がこの瞬間に終わってしまったとしても、むしろそのほうがナジャのためになると。これまで看取ってきた犬たちとの反省から到達した選択であって、初めての愛犬が同じような状況だった場合、そんな選択ができるのか、わたしにも自信はありません。

「まだまだ別れたくない」という思いが先に立って当たり前です。

でも、もしも命にかかわる選択をしなければならないとき、落ち着いていられるわけがないけれど、まずは静かに深く深呼吸をして呼吸を整えること。体の隅々まで酸素がひたひたに行き渡る感じです。そしてちゃんと犬の目を見て、ゆっくり犬と相談してください。きっと犬から答えのサインが送られてきますから。

愛犬も見ないで、慌ててネットを検索して、決めないでくださいね。だって、これまでずっと一緒に生活し、お互いのことを一番よく理解し合っているのは、飼い主さんと目の前の愛犬であって、ネットの中の誰かでも、お世話になっている獣医さんでもありませんから。

そして、セカンドオピニオンも重要であることを知っていてください。獣医さ

んはみんな同じではありません。もちろん、苦しんでいるあなたの愛犬を救ってあげたいという気持ちは、どの先生も同じだと思います。でも、その救い方はさまざまであることを知っていてください。

セカンドオピニオンは、いつもの獣医さんに遠慮してコソコソ行うことではありません。セカンドオピニオンを受けることに眉間にシワを寄せるのではなく、どうしたら最善かを一緒に考えてくれる先生であってほしいと願います。もし、相談したときに不機嫌になったり、さじを投げるようなことを言われたりしたら、その先生のところでは最善の選択や信頼できる治療が受けられない可能性があります。

迷ったり、辛かったり、決められなかったり、そんなときは、いつものお散歩仲間や、よく行くお店の方や、近くの友人に吐き出せるといいですね。決めるのはご自身だし、きっと心のどこかで決めているのだと思いますが、整理をするには、口に出すこと。もしくはペンで紙に書き出すこと。アナログだけど、わたしが古いのかもしれないけど、こんなときは特に、口から吐き出す、書いて目で確認するといった五感で整理することはとても効果的だと思っています。頭の中だけでぐるぐる考えていると、酸欠で煮詰まってぐじゃぐじゃになってしまいます。

どんな選択をしても、選択しなかったもう一方が気になるものです。でも、大切なのは、愛犬とちゃんと向き合って決めたかどうか。犬と飼い主ふたりで、もしくは犬と家族みんなで決めたことに、間違いは絶対にないのです。

選択し、決めたときは、その決めた先には必ず元気になっている愛犬を明確にイメージしてくださいね。心配をたくさんイメージしての選択は絶対にダメです。ああなったらどうしよう、こんなふうになってしまうかも……なんてイメージして決めると、心配したほうへ寄っていってしまうような気がします。

ナジャの体調がぐっと落ちたとき、逝ってしまいそうなとき、まず一番にやることは、深く深くゆっくりと深呼吸します。足の先から頭のてっぺんまで、そして脳みその隅々までひたひたに酸素が行き渡るように。次にがっつり食べます。命と向き合うって体力がいるから。そして、ナジャの目を見て、彼女の声を聞いて穏やかに。いい感じのイメージができたときは、ゴーサインです。

愛犬の観察日記のつけ方

病気を患っていると思えないほど元気なときや、通院や介助で余裕がない！　というときも、愛犬の観察日記をつけてみませんか？　役立つことが多々ある他、冷静に明日を迎えるための準備にもなります。必要最低限の項目を走り書きでもOKです！

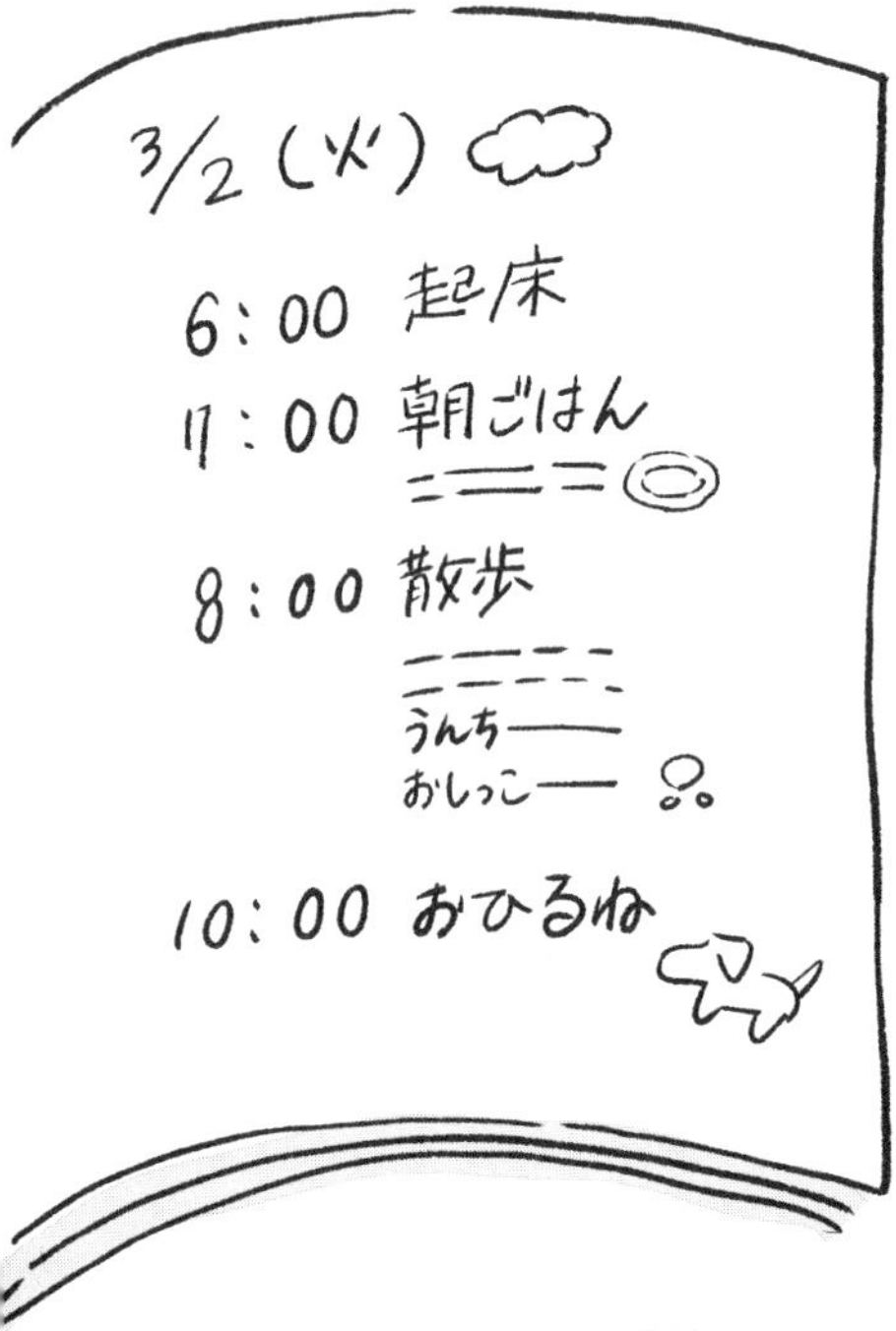

時系列でつける

気付いたときに気付いたことをメモしていく。時間も入れておくと、あとから体調を崩して見直したときなどに役立つ。

低　**優先順位**　高

低

- 食事・おやつの内容
- 飲ませたサプリメントの内容
- 愛犬の機嫌など全体的な様子

中

- 睡眠……継続して眠れる、ちょこちょこ起きる
- 呼吸……浅い、速い、ゆっくり
- 体の冷え……四肢、耳、背中、お腹
- 薬……飲めた、出した、入れられなかった

高

- うんち・おしっこの様子……時間、形、色、匂い、量
- 食欲……完食、ムラ食い、残しあり、食べない
- 飲めた水分……約○○ml
- 散歩……よく歩く、止まる、行きたがらない

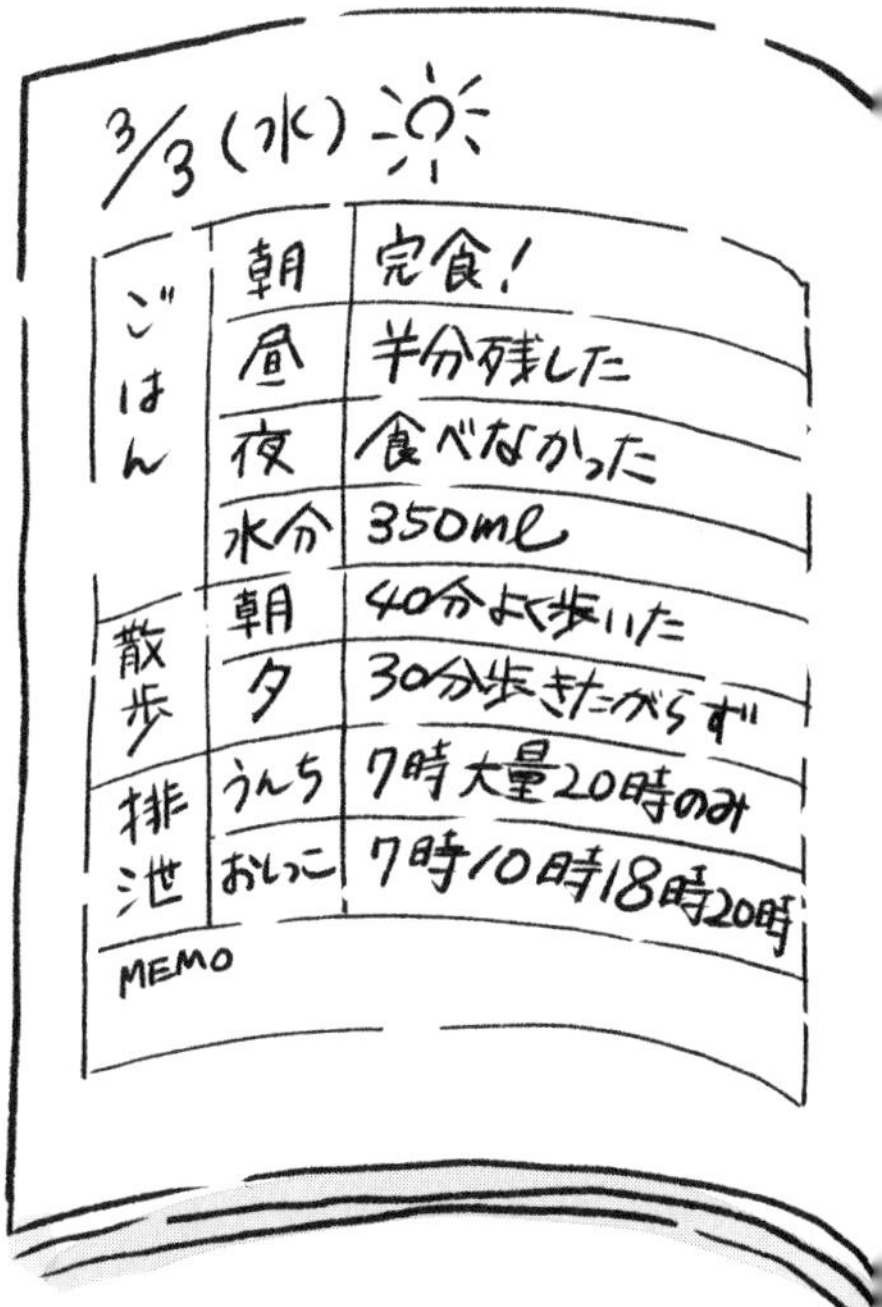

項目ごとにつける

食事や散歩、排泄の様子など、項目ごとに分けてまとめると、見返したときに日々の体調変化がわかりやすい。

第3章

《終末期》残された時間は愛犬からのギフト

ありがとうの毎日

毎月の肝臓の腫瘍チェックを受け始めて、3年が経ちました。不思議とナジャの腫瘍は少しずつ少しずつ小さくなり、6センチ以上あったかたまりは、16歳のときには2センチ前後にまで小さくなっていました。

毎回エコーで腫瘍を確認するのですが、そのエコー用のベッドが、とても気持ちよさそうな、分厚い高反発のマットレス。それがハンモック仕立てになっていて、ナジャを仰向けに寝かせると、すかさず気持ちよさそうに寝てしまいます。リラックスするにもほどがあるほどくつろいでいて、毎回微笑ましくなります。

エコー室にはわたしも一緒に入り、画像を確認させてもらえます。初めの頃は、腫瘤が大きく成長していないか、どこか内臓を圧迫していないかとハラハラしながら、わからないながらも画像に目をこらしていました。それが、いつの頃からか、何ミリ小さくなっただろうと楽しみな時間に変わっていました。

この時間は、主治医との軽めの雑談ができる時間でもあります。ワクチンや新しくできた予防薬の話、寿命の話、西洋医学と東洋医学の話など、興味深い話も聞けて、癒しとほっこりのエコータイム。「まだまだ西洋医学の歴史は浅いから、それだけでは救えないことがある」とか、ぐっと体調が落ちてから戻ったときは「もう何度も三途の川近くまで行ってるから、三途の川の船頭さんとは顔見知りだね」とか。

あるときには「あのときオペをしていたら、今はいないかもね」なんて話をしてくださったこともありました。「麻酔をかけてお腹を開いていたら、一時的には整ったかもしれないけど、麻酔と開腹のダメージからくるエネルギーダウンはカバーしきれなかったかも」と。ふっと、過去の犬たちの終末期がよぎりました。

かれこれ3年、毎月欠かさず撮っていたエコーですが、しまいには腫瘤が1センチ前後まで小さくなり、ついにはエコーを撮ることもなくなってしまい、少し残念に思ったりしていました。

ナジャは17歳を迎え、さすがに老化はぐぐっと進み、それなりにアップダウンを繰り返すようになりました。常に低空飛行の中、一段ガクッと落ち、その落ちたところで安定し、またガクッと落ち……の繰り返しです。何度か「そろそろかな」というところまで落ちながらも、盛り返す力強さも見せてくれました。生きることに対して妥協もあきらめもせず、淡々と一生懸命に生きる姿には、感動と感謝で胸がいっぱいになるのでした。

老犬の愛しさは格別です。成犬期よりはるかに手はかかるし、年とともにだんだん頑固さも増してきて、おかまいなしのマイペースに振り回されることがいっぱいあります。それでも、パピー期のかわいさとはまったく別の愛しさが、日々あふれてきます。生きていてくれるだけで、それだけで十分。ただただ「ありがとう」の存在なのです。

目もほとんど見えず、耳はメニエールの影響から比較的早くにほぼ聞こえなくなり、鼻だけを頼りに生活しているにもかかわらず、家族だけは正確に認識します。お散歩はわたしとしか行きません。忙しくて友人にお世話をお願いすることも多々あったのですが、リードを引いてのお散歩は全身で拒否します。

もともとベタベタ甘えるタイプではなく、置いていかれて鳴いたりすることもまったくしない犬でしたが、わたしがいないと探すようになりました。自力で立てる頃は、あちこちにぶつかりながら追ってきました。ほぼ寝たきりになってからは、頭を持ち上げ、見えない目でキョロキョロとあたりを見渡しては、わたしがどこにいるかを確認します。いかにも頼りにされているようですが、実はわたしのほうが、そんなナジャを頼りにし、癒され、助けられ、励まされていました。

朝に昼に夜に、呼吸しているナジャの背中を眺めては、「あ、生きてる。ありがとう。今日もがんばろ」。と、間違いなくわたしの活力の源であり、愛おしいと感じる日々でした。

介護中の居場所の整え方

介護中の愛犬の居場所は、そのときの状態に合わせて、臨機応変に変えていくのがおすすめです。愛犬の安全性や快適性はもちろん、飼い主さんの負担軽減やメンテナンスしやすさも考慮して、極力いらない仕事が増えないように工夫しましょう。

1. 自力で立ち上がれる場合

立ち上がることはできるけれどすぐに倒れてしまう場合は、倒れたときのダメージに気をつけましょう。子ども用のビニルプールの中を居場所にするか、サークルの内側に浴室内マットを結びつければ、寄りかかっても安全。

2. 立たせてあげれば歩ける場合

自力では立ち上がれないけれど、立たせてあげれば歩くことができる場合は、できるだけ歩かせてあげましょう。床は滑りにくくメンテナンスしやすい素材にし、歩き回っても落下したりはまり込んだりしないように対策を。

3. 寝たきりの場合

寝たきりで立ち上がることも歩くこともできない場合は、床ずれ防止が大切です。ベッドは犬が四肢を伸ばした状態よりほんの少し大きいぐらいのサイズにし、ベッドごと移動できると便利。

仕事と睡魔と体力の限界と

ナジャが自力で立ち上がることができなくなり、ますます愛しさは増すばかりなのですが、ケアすべき時間も今まで以上に増し増しになります。当然、自分で水を飲みにいくことも、おトイレに行くこともできません。ナジャの欲求を察して、水を飲ませる、排泄のために外に連れ出す、寝返りを打たせるなどなど、ケアはほぼ24時間体制です。

老犬介護ではよくあるパターンだと思うのですが、わたしもナジャと一緒に生活のすべてをリビングで済ます毎日。仕事はもちろん、食事も、睡眠も。睡眠といっても仮眠レベルになるので、わざわざ寝室で寝るなんて面倒なこともしなくなり、リビングにお布団を持ってくる「リビング寝室スタイル」での介護生活でした。

こういうときは、ナジャが動くと聞こえてくる「カサッ」とか「ススッ」とか「モゾッ」とか、繊維と被毛が擦れる音や気配に、やけに敏感になります。アンテナの感度が高くなっているので、どんなに疲れていても、どんなに眠り込んでいても、自分でも驚くほどすばやく目が覚めます。きっとどんな強力な目覚まし時計よりも効果的な音です。

そして、何を要求しているかも、おおかたひと目でわかります。喉渇いたね、おしっこしたいね、何か気持ち悪いね、ただ動いただけね、などなど、この意思の疎《そ》通《つう》感はたいしたものだ、我ながらすごいなと。夫とはここまで意思の疎通ができる気はしません。

そんなふうに意思を汲み取れるからこそ、ほへぇ〜となることも多々ありました。仕事がかなり切羽詰まっている時期は、睡眠時間なんてあってないようなも

の。時折異常に眠たくて、起き上がるのも辛すぎて。そんなときのおしっこサインには、気が付かない振りをしたくなりつつも、うぅ～となりながら這うように起き上がり、ナジャと外に出ます。でも、こんなときほど勘違いだったりして、おしっこが出ないと、無意味に落胆してしまったりして、がっかりされたナジャの困り顔を何度見たことか。こんなとき、ナジャは決まって申し訳なさそうにします。がっかりされるいわれはないのに。あとになってかわいいなぁって思うのですが、その瞬間は、うぐぅとなって、深くため息をついてしまい、後味が悪かったりします。

それに、残念ながら室内でおしっこができるようにトレーニングをしてあげられらず、完全に外トイレ派であったために、天気に関係なく、いちいち外へ連れ出さなくてはならないという顛末《てんまつ》。雨の日や寒い夜中は、室内でのトイレトレーニングをしなかった自分を呪うのでした。

ナジャの場合は、完全に目が見えなくなってからは半年ほど、立てなくなってからはまだ数カ月。ひどい認知症でもなく、やまない夜鳴きがないだけ、ずいぶんと楽だったと思います。それでも、やはり睡眠が浅いままの介護と仕事と家事の3本立ての数カ月は、疲労と体力の限界で、思考回路がショートしてきます。1年以上も介護生活をがんばっている方もいらして、心底尊敬しちゃいます。

昼間も基本的にはナジャを置いていくことができないので、仕事でもどこでも連れていき、連れていけない場合は2時間以内には戻ります。まだ自力で立てる頃に、やむを得ず置いて出かけて帰宅すると、とんでもなく狭いところにパズルのように器用に入り込んで、にっちもさっちもいかなくなり、小さな声で鳴いていました。老犬はどうして狭いところに向かっていくのでしょうね。前進のみで後進できないから、はまり込んだら、さらにその先へ行こうとする。どこのお家の老犬も必ずやっている、ついつい笑ってしまう「はさまり犬」です。

今は、留守番中の犬をリアルタイムで観察できる留守番カメラなど、便利なツールがありますが、特に心配がないときのほうが楽しく活用できるかも。わたしの場合、例えばはさまっているナジャを確認してもすぐに帰れないこともあるの

で、そればかりが気になって目の前の大事な仕事に集中できなくなりそうで、けっきょく設置しませんでした。

まだ親の介護は経験していませんが、夫の介助は8年ほど経験しています。人の介護と比べたら、犬の介護はなんて平和なんだろうと思います。犬は文句だの泣き言だの言いませんから。要求はするけど、文句は言いません。ネガティブな愚痴も言いません。人の介護は「ありがとう」すら言ってもらえないこともあるけれど、犬はいつでも「ありがとう」の気持ちでいてくれます。疲労しすぎて、こちらの思考回路がショートしてしまうと、その「ありがとう」さえキャッチできなくなることはあるけれど。

人の介護も犬の介護も、必ず終わりがあります。一生続くわけではありません。疲労困憊《こんぱい》、毎日24時間体制で介護をしていると、そのことを忘れてしまうときがあります。しんどいそのときの感情だけで、自分を落としたり、解放されたくなったりする瞬間があります。それが怒りとして出てくる人、背を向けてしまう人、悲劇のヒロインになってしまう人……さまざまなネガティブな感情が湧いてきて当たり前です。人間だもの（by相田みつを）。そして、そんな感情を抱いてしまった自分を責めたりしてね。

長期間介護をしていて、一度もため息をつくことなく、常に平常心で笑顔で……なんてできる人がいるのかな。そんな神みたいな人。多少無理して抑え込んで、がんばるしかないのが介護。きれいごとだけでは済まないことがあって当然です。

「辛いときは息抜きになるようなことを」と、たいがいの経験談やストレス解消法に書いてあります。でも、息抜きする余裕がないから、息抜きすることすら忘れてしまっているから、持ちたくない感情が湧いてきてしまうわけで。「簡単に息抜きできれば苦労しないのよ」と、屁理屈ホザいたりしてね。そして、息抜きすることすら、がんばってやってみたりして、何にもほぐれていなかったり。

けっきょくしんどいもの、どうやっても。がんばるしかないのが介護。でも、やっぱり息抜きは大事だとつくづく思うのです。文字通り「息」を「抜く」こと。息を抜くと、体も頭もガチンガチンだったことに気が付きます。視野も狭くなっ

て、イライラがマックスになっていたりして、ほんの少しでも息を抜かないとヤバいと思う瞬間もありました。それで、音楽、香り、おいしいもの、お日さま、自分が一瞬でもほっとできる何かを、そして、できるだけ楽する工夫を見つけなくては、と。

わたしの場合、一番はお日さまでした。朝焼けや昼間の暖かい日差し、快晴の日の夕焼け。ほんの一瞬、もしくはゆっくり、全身に浴びるだけ。心底気持ちいいなあ〜と感じるのです。もちろんナジャも一緒に。そして、全身で大きく伸びをする。たったこれだけで、けっこうなリセットになります。「昨夜ため息いっぱい吐いちゃったな」という反省も、太陽に浄化してもらいます。道具も準備も何もいらないし、どこにいてもできるしね。

もう1つは、お風呂。本当は大好きな温泉にゆっくり浸かりたいけど、無理な話なので、自宅のお風呂にゆっくり入ります。もちろんナジャも一緒に。湯船に一緒に入るのではなく、お風呂のフタの上にマットを敷いて寝かせ、わたしは半身浴でウトウト。お互い温まって一石二鳥です。

そして、自分へのごほうびはおいしいスイーツ。介護中は運動量が減るのに食べる量は増えるから、ぶくぶくになってしまったのだけど、それでも、毎日何かしら甘いものを求めていました。依存に近いけど、楽しみは大事。

しんどいことも多い老犬介護だけど、この時間はわたしにしかできない、わたしがしてあげられる最期のお役目です。最近では、どうにもならなくなったら介護専門の施設に預けるという選択もあります。でも、がんばることができる状況ならば、愛犬のためにギリギリまで振りしぼってがんばりたい。そう思ってしまうのは、昭和の教育を受けているからかもしれませんが。決してしんどいだけではなく、むしろ、しんどいの数百倍もの心の栄養をもらっています。

介護が必要となった愛すべき我が犬。そんな姿であっても、一途に飼い主を思い、ただ一生懸命に生きる美しい生き物。さらに絆《きずな》が深まる、濃密で貴重な時間。

この愛しい時間は、愛犬からのギフトの時間だなと思うのでした。

気分転換はとっても大事!

日々愛犬の介護に追われていると、基本的にずっと家の中にいて、たまに病院に行くときだけ外出、なんてことになりがち。そうなるとどうしても空気がよどんで、煮詰まってきます。できる範囲での気分転換は、飼い主さんにも愛犬にも元気の素になるはず。

1. 日課をこなす

昼夜関係なく続く介護生活では、1日の区切りがなくなりがち。
そんなときこそ、日課をこなしてメリハリをつけましょう。

例えば……

- 雨の日以外は毎朝必ず、窓を開けて空気を入れ替える
- 愛犬を日の当たるところに寝かせる（立って移動できない犬の場合は熱中症に注意）
- 愛犬をカートや台車に乗せて散歩に出て、外を歩かせる
- お茶の時間を決めて、ゆっくり飲む

2. 四季を感じる

四季折々の自然に触れて、大きく深呼吸し、体にたくさん酸素を注入してリセット。愛犬と一緒に自然からパワーをもらいましょう。

例えば……

- 春：桜を見にいく、森で新緑の香りを楽しむ
- 夏：花火を見上げる、海で波の音を感じる、森で鳥の声や野生動物の気配を感じる
- 秋：紅葉を踏む、大好きな公園でおやつを食べる、足湯をする
- 冬：寒さに当たる、雪に触れる、昼間の太陽を浴びる

3. 自分だけの時間を作る

たまには、家族やペットシッターさんに愛犬をお願いして、半日でも自分のための時間を。一瞬でも、家から出て犬とは別の空間で過ごすことで、リセット効果は大きくなるはずです。

例えば……

- 買い物に行く
- ランチに行く
- 映画館で映画を見る
- 友人とおしゃべりを楽しむ

最期まで犬としての尊厳を大切に

ナジャは犬です。どんなに気持ちが通じ合っていても、彼女は犬であって、わたしの赤ちゃんではありません。

依存し合わず、犬として犬らしくいられる生活を提供すること。ただし、我が家のルールはしっかり教え守ってもらうこと。このスタンスは、犬と暮らしてきた、また犬との生活にかかわることを仕事にしてきたこの二十数年の間に、犬たちから教えられたことでもあります。犬たちはわたしのマスコットでもなければ、従える家来でもありません。

きっと犬たちは、マスコットとして扱われるならば、それはそれとして受け入れ楽しみ、赤ちゃんとして扱われるならばいつまでも幼いままで、そんなふうに飼い主さんの要求に柔軟に対応する動物だと思っています。だからなおさら、できるだけその犬それぞれの個性を、人の都合でねじ曲げないようにしてあげたいと思うのです。

犬たちみんなそれぞれに、いろんな性格があります。おおらかな犬、怖がりで神経質な犬、慎重な犬、自分の感情を表に出す犬、我慢強く感情を隠す犬……。さまざまだけど、どの犬にもプライドがあります。そして、そのプライドが傷付くこともあります。傷付けるつもりは毛頭なくても、傷付けてしまっている場合もあります。

人だって同じです。馬鹿にされたり、見下されたりしたら傷付きますし、自信を失ってしまうこともあります。

たまに、自分の思い通りのしつけができないと、おもしろおかしく「うちの犬は馬鹿だから」と高笑いしたり、犬のせいにして「ダメだねぇ、何回言ってもで

きないの」とため息をついたりする方に会います。そんなときの犬の目の奥は、悲しそうだったり、申し訳なさそうにしていたり、いじけていたり、または反抗的な光を放っていたり。

ナジャは、幼い頃から自立していて、体は小さいけれど芯の強い犬でした。空気を読むのが得意で、今どうすべきかを知り、行動できる犬。彼女が子犬の頃は他に4頭の同居犬がいましたが、常に自分の立ち位置を意識し、他の子より先におやつをもらおうともせず、自分の番がくるまで待ちます。本や雑誌の撮影のときは、ほぼカメラマンの思い通りに動くことができて、いつも「楽だ」とか「助かる」とか、たくさんほめてもらえました。一緒にお店番するときは、わたしとお客さまの犬の間に決して入ってくることはしません。とても謙虚な犬でした。

ハイシニアになって、整体をしてもらうときや、友人宅へ行くときに、何度かおむつを着けたことがあります。そういうときは、決まって残念そうな表情を見せました。そりゃそうだよね。わたしだっておむつして外に出るなんて恥ずかしいもの。

でも、おむつ姿がかわいい、おちゃめさん、かっこいいとほめてもらうことで、嬉しそうにする犬もいますから、おむつが悪いという話ではないのです。おむつを着けたナジャをほめてあげたことは一度もなく、むしろわたしが申し訳ない気持ちで着けていたので、余計に残念な気持ちになっていたのでしょう。だから、最期までほとんど使うことはありませんでした。ウロウロ期は多少あちこちに排泄しちゃうこともありましたが、拭けば済むこと。とはいえ、急いでいるときや疲れているときは、ため息が出ちゃったり、イライラしたりして、傷付けたよねと反省したり。

寝たきりになってからは、おしりの下にトイレシートを敷いておけば特に問題なく、横になったままとても上手にうんちを出していました。それは出しやすいうんちだからで、便秘気味でかなりいきまないと出せないうんちではこうはいきません。おしっこは噴水状態になるので、たいがいお腹に掛けているタオルやブランケットが濡れてしまうのですが、それは洗濯すれば済むこと。洗濯は洗濯機

がしてくれるのだから、お安い御用です。

そもそも尊厳って何だろう？　わかっているようで、実はよくわかっていないような。

人の場合は、「自分の人生や生活を自分で決めることができず、されるがままになってしまうこと」が、尊厳を無視されている状態でしょうか？「自分らしくいられること」が尊厳の守られている状態だとするならば、犬にとっては犬らしくいられること。その犬らしく、ある程度は自分の意思で動くことができること、自分の意思を飼い主に理解してもらえること。自分の意向が無視され、されるがままになってしまうことは、尊厳が守られていない状態ということになってしまう。難しいです。

果たして、ナジャの尊厳を最期のときまで守ってあげられたのだろうか？　自分の意思で立ち上がることができなくなり、排泄の自由は与えてあげられたけど、何か要求していたことがあったんじゃないかな……と、今さらながら思うのです。

犬が快適な温度と湿度の関係

犬が快適な環境を整えるには、温度と湿度をバラバラに考えるのではなく、2つを掛けた熱量指数で考えます。まず温度を確認し、それに合わせて加湿器や除湿器などで湿度を調整してあげましょう。犬が寝ている床面の高さで測ることもポイント。

熱量指数をチェック

温度が高いと、空気中に含むことのできる水分量が多くなるため、同じ湿度でも蒸しているように感じます。温度と湿度、2つのバランスが住環境の快適度を左右するのです。

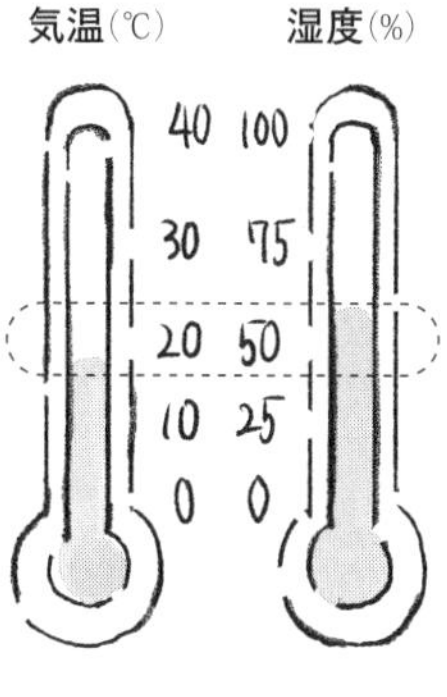

快適な温度……18〜22℃
快適な湿度……40〜60%

熱量指数

॥

気温(℃)×**湿度**(%)

犬が快適と感じるのは
720〜1320

一喜一憂

ナジャが17歳を迎えて数カ月が経ち、新緑がまぶしい季節に入り、少しずつ安定期の周期が短くなってきました。

がんとの共存も4年が過ぎ、何度かガクンと落ちることはありながらも、低め安定でぼちぼちゆるゆると平和に過ごす毎日。ゆっくりだけどしっかり歩けていた足も、立たせれば立てるけれど、数メートル歩いては転ぶを繰り返すようになり、毎朝1時間は歩いていたお散歩も20分程度が限界になっていました。

それでもできる限り、立つ時間を作ってあげるようにはしていましたが、そもそも昼間は仕事があります。夜はナジャの介護に１００％専念できますが、昼間はそうもいきません。もともと我慢強いのと、かまってほしいタイプではなく、滅多なことでは要求吠えをしません。それをいいことに、仕事に集中しているときや、犬ごはん講座のときなどは、気が付くとペロリと数時間経ってしまっていたりして。ふとナジャを見ると、ポツンと小さく、とても寂しそうにしていることが多くなりました。

　昔からお留守番は長いほうで、仕事で帰れない日もあったり。その頃は夫もまだ健常で、お世話を頼むことができたので、四六時中ナジャと一緒にいるというライフスタイルではありませんでした。ナジャが10歳を超えた頃から、わたしが仕事のやり方を変えたことで、比較的一緒にいる時間を増やせるようになりましたが、それまでは待つことは当たり前の我が家の犬たちでした。

　寂しそうな表情を見せるようになった頃から、食欲にムラが出始め、おしっこの量が異常に少なくなったりと、明らかに肝臓がおかしい様子が見られました。何となく今回ばかりはリカバリーできないかも……と感じながらも、夜のルーテ

ィンだけは欠かさず続けていました。温玉で温め流す、ナジャとお話をする。お話はたいがい食べ物のこと。「今日のごはんおいしくなかった？　明日は何のごはんがいい？　夏になったらまたスイカ食べようね」なんて。

ナジャはとめどなくガツガツ食べる日もあれば、顔を背《そむ》ける日もあります。食べてくれる日は気持ちは晴れ晴れと、安心して仕事に集中できます。食べてくれないと一変して、どんより嫌な予感しかしません。それでもアレコレ試します。お肉が嫌？　お魚にする？　卵にしようか？　もっとジャンクなものがいい？

この頃なぜかよく食べたのが、パンをヤギミルクにひたひたにした「パン粥」、イチゴと豆乳をブレンダーで混ぜただけの「イチゴミルク」、それと「生しらす」。この3つは、食欲がないときでも多少なりとも口にしてくれた三種の神器です。食欲がないときにいつでもさっと出せるように、冷蔵庫にはイチゴ、豆乳、生しらす、冷凍庫には白パンとヤギミルクが常時入っていました。

ほっとしたり、心配したりを繰り返しながら、梅雨を迎え、きつい湿気に耐えられるかな、と心配していた頃。不思議な縁で、新しい犬が来ました。

おじいちゃんに飼われていた10歳ぐらいの犬。事情があって新しい飼い主を探しているという友人からの何気ないひと言に、なぜか何の躊躇《ちゅうちょ》もなく、わたしがと手を挙げた犬。特に新しい犬を探していたわけでもなく、むしろ1年と少し前にコボを看取って、まだ完全に癒えていないまま、今まさにナジャの終末期を迎えようとしているこのタイミングに、なぜか迎えることになった犬。おじいちゃんからの豊かな愛情たっぷりに育てられたことが感じ取れる、気持ちの落ち着いた犬。

「太郎」から「タオ」と改名し、我が家での生活が始まりました。なかなか大変なこともあったりしたのですが、来た日からナジャをじっと見つめ、優しく寄り添い、常にナジャのそばにいます。

わたしがナジャに向き合えない時間を、タオがすべて埋めてくれているかのようでした。ナジャが寂しくないように、不安になることがないように。

この頃ちょうど、前著『がんと生きる　犬ごはんの教科書』（誠文堂新光社）の

原稿の締め切りも近づき、家事、店、介護、執筆と、24時間ではとうてい時間の足りない日々でした。

タオが来たのが6月20日、怒《ど》濤《とう》の撮影の最中。本の執筆が本格的にスタートしたのが6月末で、脱稿したのが8月11日。この約1カ月半、夜なべ続きで、一喜一憂している場合ではない切羽詰まった状況でした。そんな中、ナジャに寄り添い、原稿の終わりが見えた7月30日に、ナジャの最期を一緒に看取ってくれた新入りのタオ。

ナジャが呼び寄せたのか、動物たちの宇宙ネットワークで、過去の犬たちや今いる我が家の猫たちも一緒に「どの犬にする？」「うちのおかあさん、あんまり大きくないほうがいいんじゃない？　体力そんなにないよ」なんてあれこれ相談しながら、最終的にはナジャが「この子がいいかも」って判を押して、選ばれてきたのがタオなのかなと。おかげで、一喜一憂の連続だけど、「喜」が多めの、ナジャの終末期となりました。

飼い主にできること⑮

専門的なケアを受ける

最期のときを、愛犬も飼い主もお互い心穏やかに過ごすために、内側からのアプローチを専門家にお願いするのもおすすめです。自然治癒力をアップし、心身の崩れたバランスを整えて、家族みんなが日々を幸せに暮らすためのサポートをしてくれます。

ボディートーク

自身の自然治癒力を引き出し、心と体のバランスを取っていくエネルギー療法。動物のためのボディートークでは、動物の健康や、動物と家族との関係性を改善し、家族全体の幸福にかかわるサポートをしてくれる。

「ボディートークジャパン アソシエイション」 https://www.bodytalkjapan.com

テリントンTタッチ

1970年代にアメリカの馬のトレーナーが考案した、動物の心身ケアのテクニック。マッサージのように、とても軽い圧で皮膚を動かすようにタッチし、普段使われていない神経や細胞を目覚めさせる方法などがある。

「Tタッチ 日本事務局」 https://ttouchjapan.com/

ほとんど食べられなくなったときは

愛犬がごはんをほとんど食べられなくなって、何でもいいから口からエネルギーになるものを食べてほしいときは、手軽に入手できる人間用の食べ物が役立ちます。高エネルギーで消化がよく、少しでも犬が喜んで食べてくれるものを見つけましょう。

食べないときの命の食料

何も口にしてくれないことが増えてきて、「口から食べてくれることが優先」という時期に入ってきたら、こんなものを与えてみて。

卵系の食べ物

卵は、良質なたんぱく質やビタミン、ミネラルをはじめ、必要不可欠な成分がバランスよく含まれる「完全栄養食」。カステラ、カスタードプリン、茶碗蒸し、ロールケーキなどはコンビニやスーパーでも購入しやすく、好む犬が多い。

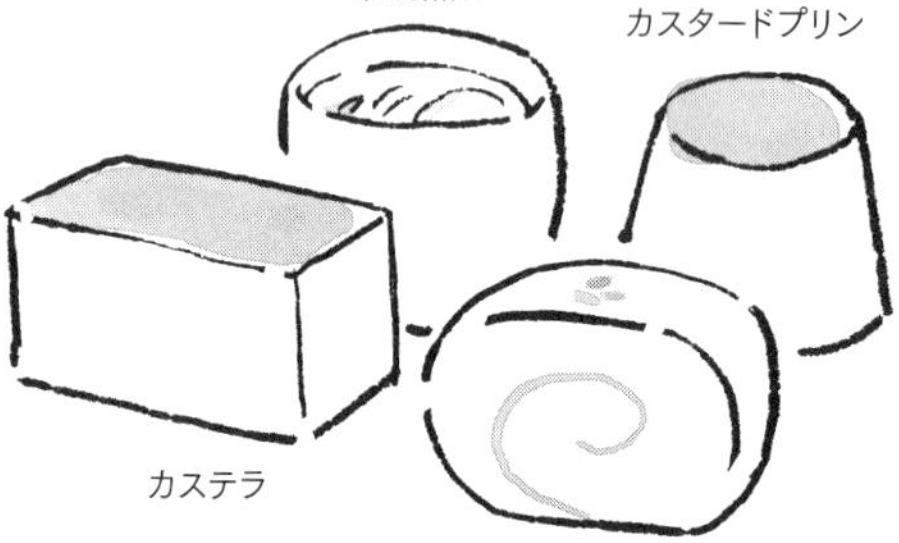

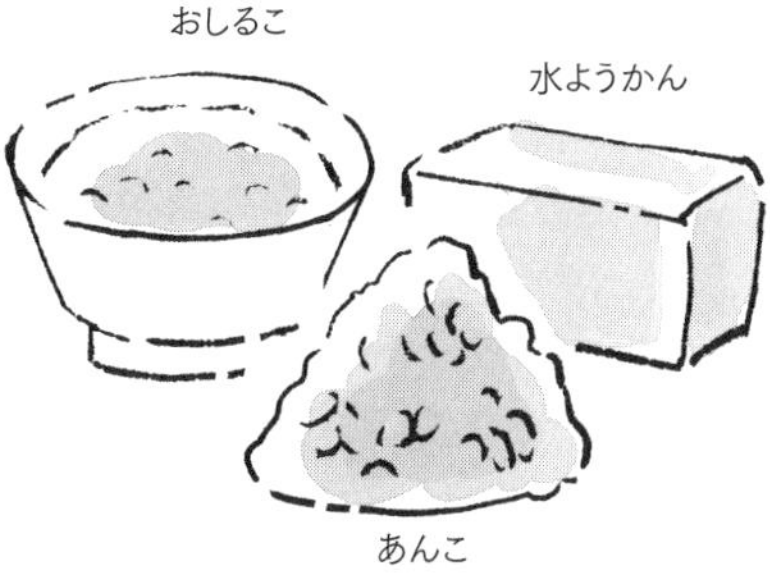

あずき系の食べ物

あずきは、良質なたんぱく質や豊富なビタミン類、カリウム、リン、鉄、食物繊維などが幅広く含まれ、昔は薬としても使われていたそう。おしるこや水ようかんは、そしゃくが難しい犬にも、シリンジを使っても与えやすい。

大豆系の食べ物

たんぱく質、脂質、糖質、ビタミン、ミネラルなど栄養素の種類が豊富で、含有量も多く、消化吸収率も高い。駄菓子の定番、きなこ棒は固すぎず柔らかすぎず犬にも人気。胃腸に優しい葛ときな粉を摂れる葛餅もおすすめ。

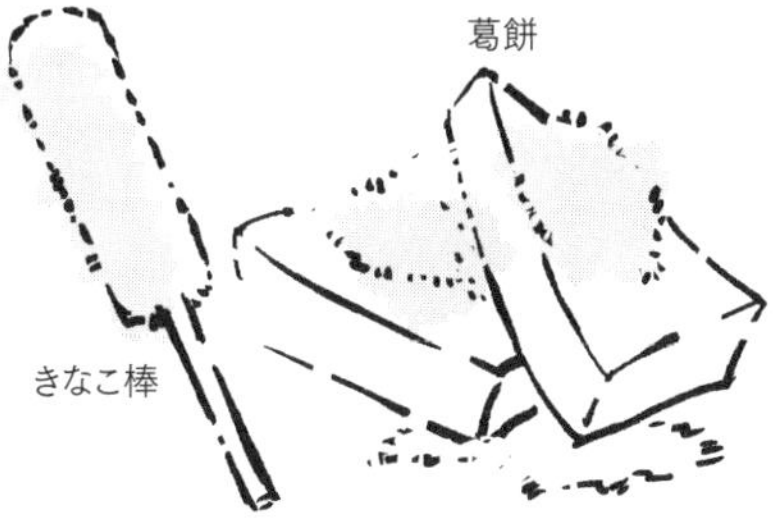

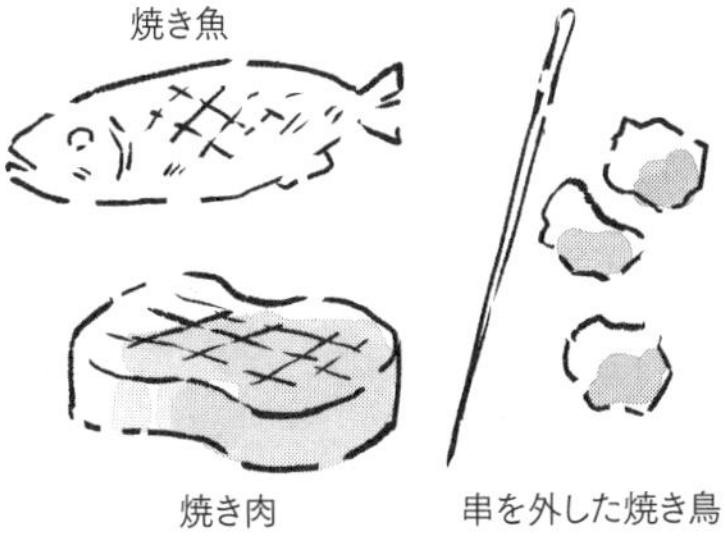

肉・魚系の食べ物

食べられるようなら、少量でも高エネルギーでたんぱく質の豊富な肉や魚を、嗜好性を高める工夫をして与えたい。油で焼くと脂質も摂れて、香り高くなる。鶏モモやレバーなどの焼き鳥を、串から外して与えるのもいい（できれば塩抜きでオーダーを）。

第4章

《旅立ちのとき》

最期まで犬らしく

旅立ちのときを知る

この年の梅雨は例年よりも遅く入り、例年よりも長く、7月丸々ずーっと梅雨。おかげで7月末になっても涼しくて、むしろ過ごしやすい毎日でした。

7月4日、晴れ。

とってもご機嫌な朝。いつもの公園を、タオと一緒にゆっくりゆっくり、片道30分ほどかけてテクテクテクテク歩く。タオはナジャの歩みに合わせて、おじいちゃんがおばあちゃんの手を引くように、優しく歩いてくれる。帰宅後、いつものごはんをガツガツと完食。この日はアジとゴーヤ、モロヘイヤ、青パパイヤに、くこの実。湿気逃しのごはんだったかな。

7月6日、満月。

生ぬるい湿気と満月の引きにやられてしまって、かなりだるそう。食べたくても食べられない、眠たくても眠れない。さらに、わたしには本の撮影と原稿がある。2〜3時間おきに水分補給してきたけれど、うっかりすっ飛んでしまっていた。それでも文句一つ言わず、目だけをキョロキョロさせてじっと待っている。ずっとこうして17年もの間、辛抱強く待ってきたナジャ。

7月12日、落雷連発。

西のほうでは豪雨による大きな被害も出る中、空は大荒れ。このヘンテコな気候は、ナジャもさすがにしんどいみたいで、呼吸は浅く、数日前の水分の不足もたたって、久しぶりにひどい眼振をともなうチック反応。経絡《けいらく》へのアプローチ、

温玉、温灸、リカバリーアップのウエアを着せ、血流アップのシーツも使い、あれこれ手は尽くしたけど、寝ることすらできない。辛いね、ナジャ。何とかしてやりたいけど……。冷えた体をさすり、いつものお話をして、口の中を湿らせてうちわであおぐ。

こんなときは決まってお願いをしている切り札の、ボディートーク療法のゆめたまさんに連絡をする。体の内側からアプローチし、崩れたメンタルや機能を癒し、整えてくれる。すぐに変化を感じるときと、じわじわと気が付いたら整っていることを実感するときと、さまざまだけど、何度も救ってもらっている。

今回はすばやく反応したみたいで、呼吸と眼振は落ち着き、よく眠れるようになった。おかげで、わたしも落ち着いて夜なべができる。できるのだけど、ナジャの寝息と、ゆめたまさんを通じて送られてきたナジャのメッセージが、みぞおちに刺さる。

7月13日、雨。

しとしと雨の朝、食欲もそこそこ戻り、湿気逃しと水分調整のスープを勢いよく食す。トウモロコシとそのヒゲをたっぷり入れたスープや、炒り卵の豆乳かけ、スイカの寒天、レバーのスープ、こんなにも勢いよく食べてくれると、心底ほっとする。キンキンに冷えていた体も、ほんわか温かい。

不調、脱出できたかな。ナジャの底力を尊《とうと》みながら、昨夜ゆめたまさんから送られてきたメッセージの「ナジャのスピリットが肉体を離れる準備を始めている」という一文が、しとしとと頭の中に降り注ぐ。


7月17日、雨。

安定した数日にほっとしつつ、気が付いたらまたもやめちゃくちゃに冷えていて泣きそうな朝。こんなに冷えちゃって……ほんとにごめんね。切羽詰まった仕事に追われ、温め流すケアも、一晩ぐらい大丈夫かな……の後回しが3日続いてしまっていた。こんなに冷えてしまったら、血は巡らない、水も滞る、おかしくなるのは当たり前。調子が落ちていることに気が付いていたのに、どこかで何度

も持ち直すナジャを過信していた。

7月21日、新月。

呼吸はとても穏やかで、辛そうでもなく、苦しそうでもなく、痛みに耐えている様子もなく、体に力を入れてがんばっているのでもなく、心地よさそうな時間もある。だけど、確実にガクッと落ちている。先日入り込んだ冷えをなかなか取り除くことができず、腎臓がうまく働かなくなっている感じ。食欲もぐっと落ちて、ミルクや甘酒を少し、ゆでたささみを少し、プリンを少し、何でも口にするけど少しだけ。

心配は尽きないけど。もちろんまだまだそばにいてほしいけど。

ナジャのペースで準備を始めたなら、わたしの「逝かないで」の執着に縛りつけないよう心がけて、ただただ痛みに耐える状況にはならないように、寄り添う。

9月には、今書いている『がんと生きる　犬ごはんの教科書』の本が出るよ。

ナジャが教えてくれたことを書いているのよ。一緒にお祝いできるといいな。

7月24日、くもり。

久しぶりに雨が上がった。お店に出勤する前に、ナジャが生まれてから9年ほど、庭のように毎朝遊んだ葉山の海へ。砂浜に横たわり、鼻をくんくんさせ、海風に吹かれて気持ちよさそう。ナジャの微笑む目がとっても大好き。

この日の朝ごはんは、ここ数日にない勢いで食べ尽くす。生の鹿肉と野菜のしぼり汁に甘酒。あれ？　まさかの復活？　嬉しくて嬉しくて、夜ごはんは何にしようか、心踊りながら朝の身支度をした。

店から駐車場へ向かう道。普通に歩けば10分程度なのだけど、ここ半年のナジャの歩みでは30分以上かかる。ぐっと落ちてきて、すぐに転んでしまうようになってからは、もっとかかる。完歩できる日も少なくなって、最近では3分の2はカートで移動。ちなみに、カートは好きではなかったと思う。わたしもあまり好きではないけど、便利だから。ナジャは仕方なく受け入れていた感じ。なので、極力使わないようにはしつつも、お店のときは使わないと仕方がない。

この日、葉山の海からエネルギーをもらったおかげか、店が終わってからの帰り道は珍しく完歩した。1時間近くかかったけど。転ぶ回数も少なくて、朝ごはんに続き、わたしを喜ばせてくれた。

でも、残念ながら夜ごはんはあまり進まず、トウモロコシのスープをそれなりに飲んでおしまい。この日の朝ごはんで固形物はおしまいにしたらしい。

7月26日、雨のち晴れのち雨。

少しずつ、少しずつ、少しずつ、準備を始めているのを肌で感じつつ、頭ではもしかしたらまたまた復活劇を見せてくれるかも……。もしかしたら……。もしかしてほしいと願う自分もいて、けっきょくパソコンを持って、動物病院へ走っていた。

ナジャとは17年以上も苦楽をともにし、これまでに看取った5頭の犬たちの最期のときは必ずナジャがそばにいてくれただけに、ナジャを看取るイメージがまったく湧かない。お別れのとき、寂しいときは必ずナジャがそばに寄り添ってくれていたから。

だから、いつものわたしなら、迷うことなくあたふたせず、逝きたいタイミングをわかってあげて、お家でゆっくりとそのときを待つ、「マテ」ができるはずなのだけど。このときはよくわからなくなっていて、もちろん不要な延命をしてもらうつもりもないけれど、様子をうかがいながら、家でひたすら原稿に打ち込むことができなかった。

主治医はすべてお見通し。「点滴を入れることはできるけど、それで一時的につなぐことはできるけど、これを続けても……」。その後はおっしゃらなかったけど、言わんとする言葉ははっきりと聞き取ることができた。

わたしの執着で連れていってしまったけど、今になって思えば、あれはナジャが先生にお礼を言うためだったのかなと、いいように解釈する。

この日の夜から、ナジャの夜鳴きが始まった。

7月29日、薄ぐもり。

固形物をまったく食べなくなって丸6日。お水すら飲まなくなって1日。頭も体もふにゃふにゃ。呼吸はゆっくりだったり、浅かったりを繰り返す。たまに息してるかな！　と確認に行くほどゆっくりのときもあったり。

2日前から夜鳴きが始まった。わたしがうたた寝すると必ず目覚まし時計のように、高らかに鳴き叫ぶ。「寝てる場合じゃないでしょぉよぉ〜」と、終わらぬ原稿を早く仕上げなさいと言わんばかりの雄《お》叫《たけ》び。「もぉ〜わかってるから勘弁して……」と重たい体を起こす夜。

原稿の締め切り日の27日に合わせて、ナジャはタール便と大量の排尿も済ませ、きっちりと逝く準備を整えた。あとはわたしの原稿が終わるのをひたすら待っているのだけど、締め切りが過ぎているのに終わらない。ナジャの予定では、原稿が終わるのを見届けたら逝く、完璧な段取りだった、のに終わってない。「ちょっとぉ〜もう限界なんだけどぉ〜〜〜」の叫びに聞こえる。

最期の最期まで待たされるナジャ。我が家の犬たちは待たされてばかり。早く終わらせてあげないとね。あと少しだから。もう少し待ってね。

愛しいナジャ。いつもこうして寄り添ってくれている。

7月30日、薄ぐもり。

原稿の終わりが見え、あとほんの少し。お茶を淹れてひと息ついた朝方。朝焼けとともに、静かに静かにゆっくりと時間をかけて、心臓を止めてゆく。

痛みでのたうち回ることもなく、もがくこともなく、あえぐこともなく、とても穏やかな最期。

浮かぶ言葉は「ありがとう」。これしかない。ひたすらにありがとうありがとうありがとうありがとう。

これまでの犬たちには、必ず「ありがとう」のあとに「またね」と、また会えることを約束してきたけれど、不思議とナジャには「またね」は出てこない。

ずっとそばで、だけど必ず一歩離れたところから寄り添ってくれていたナジャ。離れていた一歩がぐっと縮まって、より近い存在になった不思議な感覚。「またね」じゃなくて、「ずっと一緒だね」の感覚。

旅立ちの準備のサイン

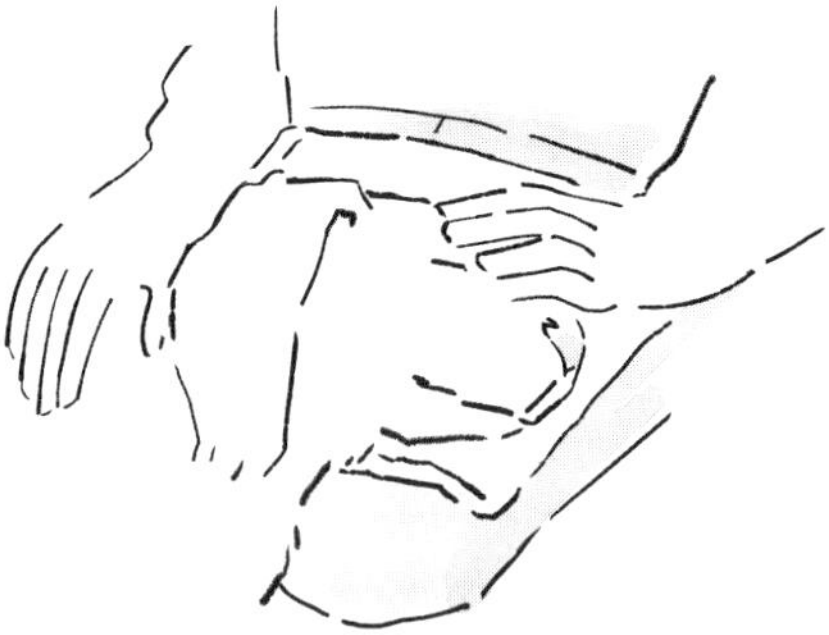

闘病や老衰で、死期を感じ、自ら旅立つタイミングを決めている犬は、その日に向けてちゃんと準備をしているように感じます。もちろん個体差もあり、突然亡くなる犬もいます。

愛犬の症状を目の当たりにして、逝くときなのか、治療を必要としているのか判断するのは、とても難しいことと思います。飼い主さんが「逝かないで」の気持ちがいっぱいになってしまっていると、「引き止めるために何ができるか？　何をしたらいいか？」に意識がいってしまいがち。辛いけれど、愛犬に後ろ髪引かせるような最期にしないように、安心して旅立つことができるように、見守ってあげましょう。

旅立ち前の体調変化の流れ

もちろん個体差はあるものの、経験上、犬たちはこんなサインを見せながら少しずつ旅立ちの準備をしているように思います。

❶ 目がよどむ（約2週間前〜）

大変な闘病中や白内障でも、目の中の水分は透明でクリア。旅立ちが近づくと、その輝きが鈍り、水分がサラサラではなくゼリーっぽくなる。

❷ 食べるのをやめる（約1週間前〜直前）

食べることは生命維持に必要な代謝を行うこと。それをぴたっとやめるときがくる。ただし、最期まで水だけは飲めるように、もしくは飲ませてあげて。

❸ 下痢を繰り返す（数日前〜直前）

水のような下痢、もしくは壊死《えし》が始まっているかのような赤茶色の下痢を繰り返す。体の中を空っぽにするために、大掃除しているかのよう。

❹ 体温が下がる（数日前〜直前）

代謝が落ち、体温調整ができなくなってきて、体がひんやりしてくる。「あれ、冷たい」と感じたら、いよいよだなと思わされる、胸が苦しくなる瞬間。

❺ けいれんを起こす（数日前〜直前）

手足をバタバタしたりピーンと突っ張ったり、体の側面がピクピクすることも。無理に抱きかかえず、体が痛まないようクッションや布団で包んで、優しくさすって安心させてあげて。

❻ 呼吸が不安定になる（前日〜直前）

浅い呼吸になったり、急に静かになったり、安らかに深く呼吸をしたり。危篤状態になるとしゃくりあげるような死戦期呼吸になり、やがて意識が遠のき、眠るように静かに息を引き取る。

火葬場や方法を検討しておく

生前に、愛犬の死後のことを考えるのはなかなか難しいですが、決めておくといざそのときに落ち着いて準備ができます。飼い主が所有する土地なら土葬もできますが、埋めるにしてもまず火葬するのが一般的。火葬の選択肢を知って検討を始めておきましょう。

1. 火葬場を探す

事前に調べて、ある程度目星を付けておきましょう。できれば火葬場の見学をしておくと、いざ亡くなったときに慌てずに済みます。

動物専用の火葬場

作りは人間の火葬場とほぼ同じ。葬儀場を備えているところは葬儀も可能。霊園や納骨堂を併設しているところは、そのまま埋葬や納骨もできる。

人間の火葬場

人間用の火葬場で、動物専用の炉を備えているところもある。人間の火葬と同じような気持ちや流れで臨める。

火葬車

炉を備えた車で自宅まで迎えにきて、遺体を受け取り、自宅の敷地内や公共施設の大きな駐車場、または移動しながら火葬してくれる。24時間365日対応してくれるところも多い。ただし、周辺の住宅からの苦情などに注意。

2. 火葬の方法を検討する

火葬場では複数のプランを用意している場合が多く、だいたい以下のような選択肢から選べるので、確認・検討しておきましょう。

個別葬 or 合同葬
(火葬場の場合)

個別に火葬するか、他の動物と一緒に火葬してもらうかを選べる。合同葬の場合、基本的に骨上げ・返骨はなし。

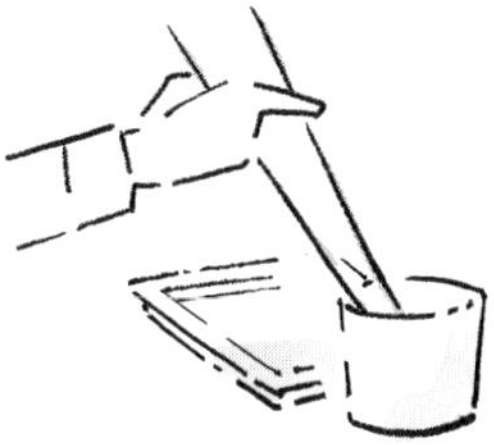

立ち合い・骨上げの有無
(個別葬の場合)

火葬に立ち会って骨上げをするか、火葬・骨上げを任せるかを選べる。骨上げをする場合は料金が加算される。

返骨の有無
(個別葬の場合)

骨上げしない場合も、基本的に骨壺に入れて返骨してもらえる。そのまま埋葬・納骨してもらえるところも。

その他、確認・検討しておきたいこと

- 棺《ひつぎ》をどうするか
- 読経をお願いするか
- 葬儀をするか
- 火葬場までの送迎の有無
- 冷却BOXやドライアイスを頼めるか
- 粉骨してもらうか
- それぞれの費用　など

第5章

《見送りのとき》

最期にして
あげられること

きれいに整える

愛しいナジャ。

息を引き取って、ナジャはとても楽になれたような気がしました。13歳のときに腫瘤が破裂してからは、おまけの毎日だと思いながら過ごしてきたけれど、ずいぶんと長いおまけになったね。一見何ともないように平静を装い、無理を重ね、だましだまし、ここまできてくれたのかな。

桜の季節まで、息子の入学式まで、栗のおいしい季節まで、本が出版されるまで、次のお誕生日まで、息子が卒業するまで……。１つ叶うとまた１つ、お願いごとが増えちゃって、気が付いたら4年。がんばったね、ナジャ。ずいぶんとがんばってくれたよね。

「ナジャの使命は、息子の自立を見届けること」。4年前にボディートーク療法のゆめたまさんにセッションしていただいたときのメッセージでした。律儀に息子の就職が決まったのを確認して、ナジャは逝きました。いったん決まりかけた4月にぐっと落ち、内定取り消しと同時にぐっと上がり、そして再び決定した7月に逝ったのです。ただの偶然かも知れないけど、ちゃんと使命を果たしました。

とても安らかで、まだ柔らかいナジャを、湯《ゆ》灌《かん》してあげました。

肝臓がおかしくなるまでは、白いおヒゲがご自慢でしたが、手入れよりもケアを優先に、というか何もかもはできなくて、白いおヒゲは茶色に染まり、ばっちい感じになっていました。でも、不思議と半年ほど前から、特別手入れをしたわけではないのに、やけにきれいになり、ここ最近では昔のような白いおヒゲに戻っていました。だけど、ここ3カ月ほどは、生まれから17年間ずっと通い続けた大好きなトリミングサロン『ドッグマン』に行くことができず、全身ボッサボ

サのままでした。

お風呂に浅くぬるめのお湯をためて、月桃《げつとう》の精油を数滴。バスタオルを畳んで枕を作り、ナジャの顔が沈まないように乗せます。体だけお湯に浸けて、マッサージするように流してあげました。特に顔のまわりは丁寧に。ついでにお口の中も歯ブラシをかけて。いつもは嫌がって、なかなか丁寧にはさせてはくれなかったから。

乾いたバスタオルに包んで、湯船から抱きかかえ、ふと、案外と重たいなと。数日間食べていなかったのに、たいしてガリガリな感じがありません。無駄に蓄《たくわ》えちゃってナジャらしいな。

トリミング用のテーブルは持っていないし、床だと腰が痛くなってしまうから、ダイニングテーブルに寝かせて、よ～く拭いて、サラサラになるまで低温のドライヤーでゆっくりと乾かします。途中面倒くさくなるほど、時間をかけて丁寧に。シュナウザーの毛は乾きにくいのです。

久しぶりにすっきりさっぱり、サラサラで気持ちよさそう。

ソファにきれいなマットとバスタオル、トイレシートを敷いて、ナジャを寝かせます。エアコンの季節になったら使うつもりで用意していた、脱脂綿とガーゼでできた『パシーマ』のブランケットをかけて、お花屋さんへ。

亡くなった後の体の浄め方

納棺の前に体をぬるま湯で拭き浄めることを、湯灌と言います。人の場合は、この世での穢《けが》れを洗い流すとともに、遺体を温めることで死後硬直を取り、遺体を棺に納めやすくする意味があります。愛犬に触れられる最期なので、ぜひ家族で行ってください。

1. お湯で洗う

湯船や洗面台にお湯を張り、愛犬の体を浸けて、マッサージするように四肢や体を浄めます。大きな犬の場合は、桶にお湯を溜めて、タオルで拭いてあげるだけでもOK。口や尿路、肛門のまわりもきれいに。

2. 乾かしてブラッシング

ドライヤーで被毛を乾かします。水分が残っていると、そこから遺体が傷んでしまうので、しっかりと。特に長毛の犬の場合は、優しく丁寧にブラッシングしながら乾かしましょう。

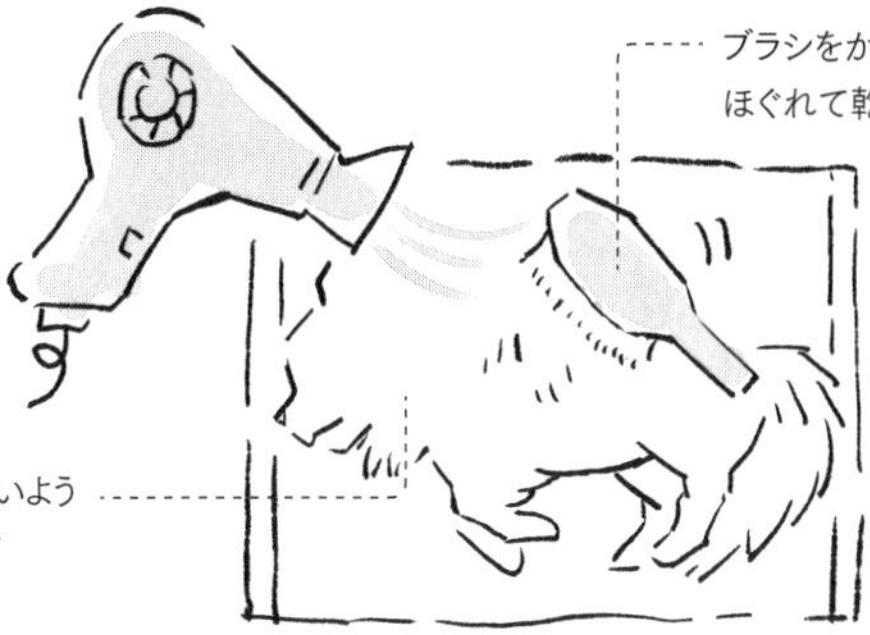

3. 爪切りをする

寝たきりの期間が長いと、爪が伸びたままということも。爪切りが苦手な犬も、もう暴れたりしないので、爪を丁寧に切りそろえてあげましょう。狼爪も忘れずに。

バラとお香とドライアイスと

車にエンジンをかけて走り出すとき、必ず、助手席のケージに目を向けます。いつもそこにはナジャが横になっていて、たまになでながら、たまにおやつをあげながら、目的地へ向かっていたから。

空っぽのケージが、あまりにも空っぽで、涙がこぼれ落ちます。

7月だけど、涼しくてすがすがしくもあり、鎌倉山の老桜の葉からは光がきらきら降りてきて、何だかとってもロマンティックで。いつも通っている道だけど、隣にナジャがいないというだけで、ものすごく心細い。

大好きなお花屋さんは、真夏になると生花は少なめ。遠方への発送も「お花が傷むから」とお断りされるほど、商売っ気がないというか、お花愛にあふれているお店。

「バラのお花は、天使たちへの目じるし。天使たちが迷わないように、ここですよぉの合図になるのよ」。以前に、天界とつながっていそうなミステリアスなお隣りさんが教えてくれました。それ以来ずっと、犬が亡くなると、バラの花を添えるようにしています。

この時期、しっくりくるバラのお花はないかもなと思いつつのぞいてみると、小さな白いバラの花が隅っこで光っていました。ころんと丸くて小さい花たちが、ころころ付いています。シュネープリンセスという名前の可憐なバラ。あとで調べたら、別名「白雪姫」だそう。やけにナジャにぴったりな気がして嬉しくて、忘れっぽいけど、このバラの名前は覚えていられます。2本しかなかったけど、房《ふさ》にはいくつものお花がついていて、ナジャのお顔のまわりを囲んであげるには十分な数。空っぽのケージに白雪姫を入れて、いつものお香屋さんへ。

最近は食事もお茶も買い物も、ほとんど決まったお店ばかり。強いこだわりがあるわけではなく、ナジャを置いて出かけられなかったのもあるけど、いつものお店だけで十分こと足りる。なんて思いながら、鎌倉の八幡さまにほど近いお香屋さんへ。買うお香も決まっているから、多めに購入して、ささっとお店をあとにします。

そして、最期にドライアイスを買いに氷屋さんへ。幸い近所に氷屋さんがあります。最近ではドライアイスを買えるお店が少ないから、こんなときはとても助かります。涼しいとはいえ、7月。旅立つ前に体を腐らせては、わたしもナジャも悲しいから。

氷屋さんでは、犬の体重を伝えると、適当な大きさにカットし、一つ一つきれいな白い紙で包んでくれます。その手つきはとても手慣れていて、きっと、1年を通して、犬や猫たちのご遺体を冷やすために求めにくる方がいるのだろうと。ぼんやり眺めて時間が止まって。

家に帰ると、ナジャのそばでタオが眠っていました。「この2頭、絶対その昔夫婦だったか、親子だったか、縁のあるふたりなんだろう」と。微笑ましくて、微妙なタイミングの中、タオを迎えてよかったな、とつくづく思うのでした。

体の下とお腹、背中に、タオルでぐるぐるにしたドライアイスを配置して、ナジャをなでながら、何度もドライアイスの冷たさを確認しながら、「冷たいよねぇ。凍っちゃうヤツだもんねぇ」と涙がポロポロ。

ブランケットをかけて、お香に火を灯《とも》し、「白雪姫」の花首をすべて切り落とします。思ったよりもたくさんお花がついていて、ころころとかわいい。猫がすかさずくわえて持っていき、楽しそうに転がして走り回っています。猫ってどうしてこんなにひとり遊びが上手なんだろ。ナジャのお顔のまわりをぐるりと囲むように、白雪姫でいっぱいに。

優しい香りのバラ。いい香りで気持ちいいね。お香はナジャだけでなく、わたしも癒してくれます。お焼き場へ連れていくまでは、ほぼ24時間絶やすことなく、たき続けます。

自分が決めたタイミングで、自分で調整しながら旅立った犬の場合、鼻からもおしりからも、ほとんど汚物は出てこないように思います。これまで無理な延命治療をせずに自然の摂理に任せた犬たちは、みんなそうでした。

最期までわたしがあきらめきれずに、ギリギリまで治療を重ねた犬たちからは、けっこうな量の体液や汚物が流れ出ました。鼻に脱脂綿を詰めることになってちょっと苦しそうだったり、おしりのまわりを何回も拭いてあげないとならないほど汚れてしまったり。

彼らには、旅立つその瞬間まで、補液や栄養剤などの点滴を入れ続けてしまったり、食べたくないのに何とか食べさせようと、シリンジで食べ物を入れ続けたりと、体を空っぽにきれいにするための調整時間を奪っていたんだな、と今は深く反省しています。

当時はとにかく、逝ってほしくなくて必死だったから。目の前の犬たちが何を望んでいるかなんて、まったく気が付こうともせず、ひたすらに自分の執着だけにしがみついて。向き合っていたのは愛犬ではなくて、愛犬が抱えていた病気。それなのに、犬たちのためにやっているつもりになって、なんておろかだったんだろうと、あの頃の自分を残念に思うのです。

ナジャも、その前に看取ったコボもウィッキーも、最期は彼女たちに任せて、そのときを待つことができたためか、敷いたトイレシートを汚すことも、鼻に詰め物が必要になることもなく、いつもの穏やかなお顔のまま、お別れすることができたのでした。

体をきれいにして、ドライアイスを当てて、お香をたいて、バラのお花で囲んで、やっとひと息。ほっとひと息。

火葬場に電話をして、火葬の日を予約して。

ナジャを見つめました。

体を腐らせないために

愛犬を葬《ほうむ》るまでの数日間、家で過ごす間に体を傷めてしまうととても悲しいことになります。しっかり保冷し、いい状態で火葬や土葬をしてください。火葬場や火葬車によっては、有料でドライアイスや冷却ＢＯＸを事前に持ってきてくれるところもあります。

1. 何を使って冷やす？

真夏の暑い日の場合、保冷剤だけでは間に合わないケースがあるので、事前にドライアイスの入手先を調べておくと安心。

ドライアイス

遺体を凍らせることができるので一番おすすめ。氷の専門店で取り扱っている。小型犬で2kg前後、中型犬で3〜4kg、大型犬で5kg〜ほど必要で、2日間（真夏は約1日半）ほどは交換不要。

保冷剤

ドライアイスが手に入らない場合は、大きめの保冷剤や冷却枕で冷やして。地域や季節、犬の体の大きさによっては、保冷剤だけでも問題ないことも。溶けてしまうので数時間ごとに交換する。

2. 冷やすべき箇所は？

ドライアイスを購入するときに、亡くなった犬用と伝えると、小さめのブロックにカットして紙で包んでくれます（包んでいない場合は厚手の紙で包みます）。それをタオルで包んで体に当ててあげて。

棺を作りながら

こんなときでもお腹は空くもので。でもそれはきっと、何度も看取ることを経験させてもらっているから。初めて犬を看取ったときは、絵に描いたようなペットロス状態。不謹慎だけど、父が亡くなったときよりも辛く寂しく、数日間食事も喉を通りませんでした。

何度か経験するうちに、「お別れしてかわいそうなわたし」から、「光の世界での犬たちの幸せや楽しみを願えるわたし」になってからは、お腹はちゃんと空くのです。むしろ看取った当日は、湯灌やら、身支度やら、あちこち回っての買いものやらで、案外と忙しい。いろいろ整う頃には、お腹がペコペコです。

タオの散歩や犬猫たちの夜ごはん、家族の夕飯を済ませて、ほっとひと息。静かに眠るナジャを眺めながら、ほろほろ泣いて、重い腰を上げて、閉店ギリギリのホームセンターへ。

棺用の白いダンボールと半透明のガムテープ、底が抜けないように敷くベニヤ板を、棺の底のサイズにカットしてもらいます。ついでに途中のコンビニで夜のおやつも購入し、準備万端。

ナジャ、かわいい棺作るからね。

最近は、友人の犬たちのために棺を作らせてもらう機会もあるのですが、棺を作るって、とても神聖な気持ちになれる愛慕の作業。棺に入る犬たちとの楽しい思い出を思い浮かべながら、その子のイメージに合わせて、明るく元気なＰＯＰ風だったり、トラディショナル系だったり、スイーツ系だったり。テイストに合わせた布を使って仕上げていきます。テキスタイルの仕事をしていた関係で、布は捨てるほどいっぱいあるから。

いつか棺のオーダーを受けたいと。というか、犬の「おくりびと」、犬の納棺師をやりたいと真剣に思っていたりして。

１年半前に看取ったコボのときはピンクのシマシマで少し乙女に、ナジャはシンプルな生成りの麻布で清らかな感じにしました。縁に赤のステッチのリボンをぐるりとあしらって、清楚で謙虚で、とてもナジャらしい棺。

何を持たせようか。小さい頃から最近までの楽しかった思い出や出来事をたぐりながら、もくもくと棺を作ります。この作業は、わたしの心の浄化の時間でもあります。

内側も生成りの麻布で囲み、ベニヤ板を敷いて、たっぷりのキルトを敷き詰めてふわふわにします。さらに外側も麻布で覆い、ドライアイスでカチカチになったナジャを寝かせます。何となく、もうこの体にはナジャはいないような気がするけれど。

いつも、どの子にもお弁当をいっぱい持たせます。ナジャにも大好きだったお弁当をたっぷり持たせてあげよう。きっとあちらで、心待ちにしている子がたくさんいるだろうから。

翌朝一番に、事前に頼んでおいたナジャ色の花たちと、お弁当用の食材、再びドライアイスを買って、午前にはすべての用事を済ませました。荼毘《だび》に付すまでの1日と半分、残りの時間をナジャとゆっくりと過ごしたいと。

火葬場の予約の時間は10時。「15分前にはお越しくださいね」と言われているから、いろいろ逆算して、夜明け前から棺に詰める準備を始めます。

ナジャが気に入っていた服、家族の匂いのついたTシャツや靴下、彼女がモデルを務めたセーターの作り方の本すべて、そして友人たちからナジャへと届いたスイカやメロン、大量のお弁当とおやつと果物をいっぱい詰めて。そして、ナジャ色の花たちや友人たちが届けてくれた花束で、隙間なく埋めつくします。顔のまわりは、まるでお花畑のようです。

何回見送っても、このときばかりはどうしようもなく胸が苦しくなります。

8月1日、快晴。

昨日まで涼しかったのが嘘のようで、30度超えの真夏日。朝から空が高く青く、そして暑い。

ナジャ、もう暑い思いをしなくて済むね。

大量のお弁当や果物、多めのドライアイス、本まで入っている棺は、かなりの重さです。わたし1人で運べる重さではないのだけど、夫は手伝うことができません。きっと彼も手を添えたいのだろうけど、残念ながら窓から眺めているだけ。息子もこの日は帰ってくることができず、火事場の馬鹿力とはこういうときにも発揮されるもので、腰が砕けそうになりながら車まで1人で運び入れ、ナジャと最期のドライブへ。

海沿いをゆっくりと、大好きな稲村ヶ崎の公園、必ず一緒に出勤した鎌倉のお店、生まれ育った森戸のお家と海。何度も歩いた葉山のあちこち、最期によく遊んだ南郷公園をぐるりと回って、小坪の火葬場へ。

手厚く迎えてくださって、３人がかりで棺をストレッチャーに乗せ、奥へ運んでくださいました。

棺に納めるまでに

死後1時間ほどで死後硬直が始まり、また腸や膀胱に残っていた残留物や体液が肛門や鼻から出てくることも。できるだけきれいな状態で棺に納めるために、体を整え、清潔に保ってあげましょう。顔のまわりに花を置いてあげるだけでも、気分が変わります。

1. 寝顔に花を添える

安らかな寝顔にフレッシュな花を添えてあげると、少しほっとするもの。選べるならバラがおすすめ。「顔のまわりにバラの花首を置くと天使のお迎えがやってくる」とか、「5個置くことで花言葉『あなたに出会えて本当によかった』というメッセージになる」など、バラにはさまざまな神話やエピソードがあります。

2. きれいな状態を保つ

亡くなって時間が経つと、体液や残留物が出てきたり、死後硬直が始まったりするので、できるだけきれいな状態に保ってあげて。

四肢を折りたたむ

四肢が伸びたままだと棺に入らないことがあるので、湯灌後、体を優しくマッサージしながら四肢を曲げてあげる。

目と口を閉じさせる

死後硬直が始まると、目や口を閉じることができなくなるので、湯灌が終わったら優しく閉じてあげる。

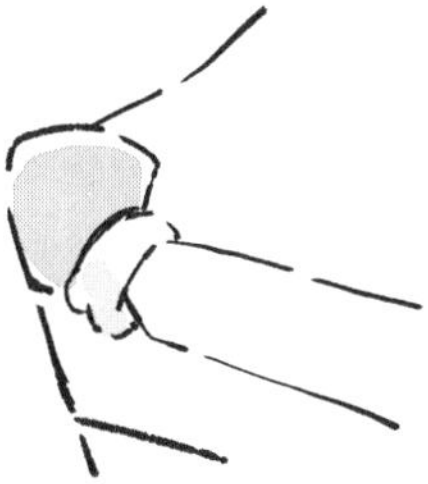

鼻に脱脂綿を詰める

鼻から体液がたくさん出てくるようなら、鼻の穴に脱脂綿を詰めてあげて。

顔とおしりの下に敷物を

顔とおしりの下にトイレシートなどを敷く。おしりから出る残留物は、定期的に拭いているといずれ止まる。

友人やお世話になった方へ

ナジャが旅立った日、近しい友人たちへ報告しました。

「今朝方、ナジャが旅立ちました。これまでたくさんかわいがってくれて、ありがとうございました」

こんなときの友人の存在はありがたいものです。お花を持って、お弁当を持って、デザートを持って、集まってくれます。ひとしきりナジャの思い出話に花を咲かせて、一緒に涙し、でもけっきょくいつもの感じで、笑い転げて帰っていきます。

しょんぼりとしていたお部屋の空気が、ふわっと明るく流れます。

笑うって、本当に素敵なことだと。こんなに顔の筋肉が固まってたいたんだなと。そういえば、ここ数日笑ってなかったなって。

いつも笑いの絶えない友人家族がいます。何でも笑いに変えてしまう。たまにもういいからって思うときもあるほど、笑ってばかりいる家族。きっと人生何倍も得している気がする、と思うのです。

ナジャの棺ができあがり、インスタグラムにポスト。なかなか会えない友人やいつも気にかけてくださる方々へ、感謝の気持ちを込めてアップします。

インスタに記事を書く作業は、頭の中を整理したり、吐き出すことで気持ちが楽になったりするものです。さらに励ましや優しいコメントに癒されて、そしてとても簡単で。本当に便利な世の中です。簡単なだけに、気を付けないといけないこともたくさんあるけど。一度にたくさんの方の近況を知れて、楽しく貴重な情報も知ることができて、今のところ大好きなツールの1つです。

そういえば、15年ほど前、初めての犬が亡くなったときは、写真入りのオリジナルの葉書を作り、切手を選んで、郵便でご報告したな。何だかものすごく昔の話のようだけど、あの頃は遠方の友人とはどうやってコミュニケーションしたんだっけ？　もう携帯使っていたかな？　メールの時代かも。

初めて亡くした愛犬シュナは、親元を離れ自立してから初めて迎えた犬です。当時ペットショップで出会い、衝動的に連れて帰った、ミニチュア・シュナウザーの男の子。彼を迎えたことでわたしの人生の方向はがらりと変わり、今の犬猫まみれの生活が始まったのでした。

その頃は知識も何もかも浅くて、粗くて、でもこれまで感じたことがないほど愛しくて。その分、失ったときはひどく苦しくて、そんなときに助けてくれたのは、友人たちでした。

悲しんでいる暇もないくらいに、次々と会いに来てくれたり、他の犬たちのお散歩に行ってくれたり、夜はとてつもなく寂しくなるからと、ずっと一緒にいてくれたり。火葬場へも仲良しの家族が付き添ってくれて、心細く感じることなく、見送ることができました。

最近では、1人で何でもできちゃうのと、1人がよかったりもして、犬とわたしと家族のみで静かに過ごしているけれど。今思えば、昔はもっと頻繁に友人たちが出入りしていた家だったような。

コーヒーを淹れて、棺の横に座り、インスタのコメントに心ほぐれ、残りの原稿に着手。アドレナリンが出まくっているせいか、異様にはかどります。

オリジナルの棺の作り方

犬用の棺は、ネットで購入したり、火葬場で用意されたものから選んだりと、さまざまな選択肢があります。棺を作るのもおすすめ。愛犬を寝かせている部屋で、いろんなことを思い出しながら棺を作るのは、気持ちを落ち着かせるとてもいい時間になります。

1. 棺に入れたいもの

愛犬に持たせたい思い出のものを用意しましょう。
ただし、燃えないものは避け、入れられるものに
制限があるか火葬場に確認を。

2. 棺の作り方の例

外側の白いダンボールを使った、棺の作り方を紹介します。飾る布やリボンを選んだり、絵やメッセージを描いたりして、愛犬らしい棺を作る作業は、飼い主にとっても癒しの時間になります。

❶愛犬の体のサイズを測り、ダンボールをカットしたり組み合わせたりして、体より少し大きいサイズにする。高さは30〜40cmぐらいに。

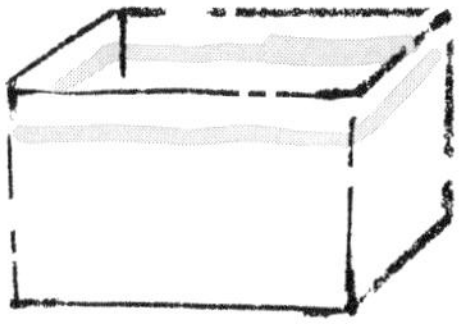

❷ダンボールの内側を布で覆うために、側面の上方の四辺に両面テープを貼り付ける。

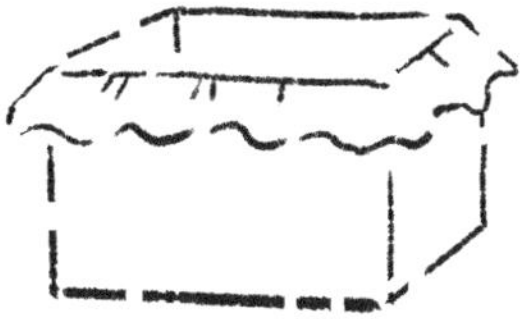

❸ダンボールの内側を、愛犬のイメージに合う布などで覆い、両面テープで留める。外側は布でくるんだり、リボンを付けたり、絵を描いたりして飾る。

❹中型犬以上の場合は特に、底が抜けやすくなるので、底にダンボールかベニヤ板を敷くといい。ベニヤ板はホームセンターなどでカットしてもらえる。

骨壺と祭壇と

ナジャを火葬してもらうのは、人用の火葬場に併設された施設です。入り口に到着すると、必ず喪服のスタッフが数人で出迎えてくださいます。そして、丁寧に棺を運び、炉のお部屋へ。いつくか並ぶ炉の端っこに、動物用の炉があります。

簡単な説明の後、最期のお別れの時間をくれるのですが、今回はわたし１人。夫も息子も友人もおらず、ナジャとわたしのふたり。お別れ独り占め。ナジャに触れられる、最期の最期の最期。

ありがとね。ずっと一緒にいてくれてありがとね。最期の言葉は「ありがとね」ばかり。

お決まりの「そろそろ……」と声をかけられ、炉の中へ。閉められた扉の前には持っていったナジャの写真が置かれ、読経の後、お焼香を。人と変わらない流れで、執《と》り行われます。

ナジャが迷うことなく、みんなの待つ光の世界にたどり着きますように。何度も願いながらお焼香しました。

火葬は1時間弱です。待合室には古いポットと茶器が用意されていて、窓から見えるのは、青い空ともりもりの木々。異次元に来たような、ポカ～ンとした感覚。こんなときは携帯を開く気持ちになれないもので、もちろん本を読む気にもならず、ただぼんやりと空を眺めているだけ。

がんがあったり、薬漬けだったりすると、骨が変色していたりするそうで、ギリギリまで治療したハンナのときは、お腹のあたりの骨が黄色に染まっていました。ナジャも長年共存したがんがあったから、肝臓のあたりの骨は黒くなってし

まっているかな、なんて思いながら。

骨壺は、一般的には火葬場のほうでちょうどよい大きさの白い陶器のものと、キラキラのカバーをセットで用意してくれます。今回はそれはお断りして、カナリア色の陶器のフラワーベースに、不思議とぴったりはまったお皿をフタにしたセットを、骨壺として持っていきました。分骨はしないので、この骨壺もどきにすべてのお骨を納めてもらうようお願いしました。散骨もしないから、粉骨もしないでそのままに。

火葬が終わり、収骨の準備ができると、呼びにきてくれます。

きれいに並べられたナジャ。小さくなって……。

思いのほか、骨がきれいで、しっかりしていて、たいして黒い骨もなく。丈夫だったんだね、ナジャ。係の方も「17歳でこの骨は素晴らしいですね」とほめてくださって、とっても誇らしくなったりして。一つ、一つ、すべての骨を丁寧に説明してもらいつつ納め、フタをして完了です。

特にセレモニーをする予定はないから、小さくなったカナリア色の骨壺の中のナジャを抱え、早々に火葬場をあとにします。施設の出口では、喪服のスタッフさんたちが深々と頭を下げて見送ってくださいます。

まっすぐ家に帰る気分にもなれず、いつもの助手席のケージの中にカナリア色の骨壺を置いて、目的もなく何となく車を流します。大好きだった公園に立ち寄り、ナジャと一緒に歩いて、富士山を眺めて、深呼吸して、ぼーっとして自宅へ戻りました。

ただいま。帰ってきたよ、ナジャ。

小さなチェストの上が祭壇です。真ん中にカナリア色の骨壺を置くと、届けられたたくさんの花たちがナジャを囲みます。お水とおやつと果物をお供えして、お香をたき続けました。

夕陽が差して、とても神々しい一角。

でも、夕陽は寂しい。

愛犬らしい骨壺と祭壇を用意

骨壺も祭壇も、形にとらわれすぎず、愛犬らしく、室内になじむものを用意してみては。火葬から戻って少し落ち着いたら、愛犬に似合いそうな花瓶や、飼い主さんが落ち着く香りのお香やアロマキャンドルを選びに出かけましょう。愛犬もついてくるかも!?

1. 骨壺とカバーを選ぶ

火葬場で渡してくれる白い骨壺に、手作りのカバーをしたり、手ぬぐいでくるんだり、リボンで飾ったりするだけでも雰囲気が変わります。大きめのキャニスターや、フラワーベースとフタ替わりの皿など、好みの器を持ち込むのも◎。

2. 室内になじむ祭壇の例

火葬から戻ってきたら、家族が集う部屋の一角に愛犬コーナーを設けて、毎日手を合わせたり話しかけたりしたいもの。祭壇というほどおおげさでなく、シンプルにすると、室内にあっても違和感がありません。

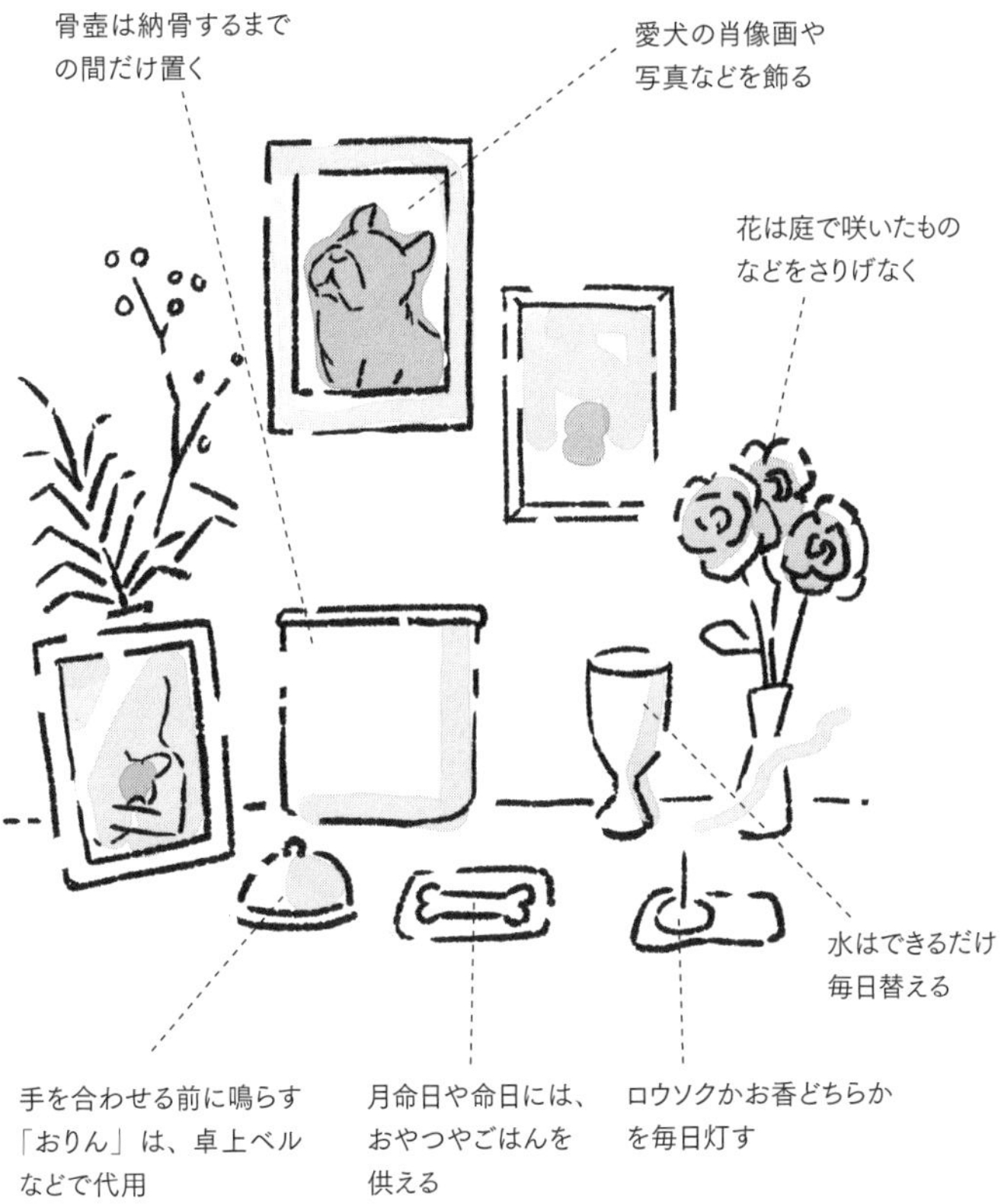

第6章

《それから》毎日、愛犬を感じる

ナジャを感じる

愛犬を見送ったあとに、足音が聞こえたとか、いつものあの子の匂いがしてきたとか、お供えのおやつが不自然に落ちていたとか、気配を感じる素敵なエピソードをたくさん聞きます。もちろん、これまでに看取ったわたしの犬たちもみなそれぞれに、不思議だったり、おもしろかったりする逸話があり、特に初七日までは頻繁にいろんな形で登場してくれます。

ナジャはどんな形で現れてくれるのかな。

我が家の犬たちは空に現れることが多くて、時折「あっ、いた！」ってことがあるのです。ナジャのときも例に漏れず、初七日までの5日間、毎日ナジャ雲に会うことができました。タオとの散歩中に、お店に向かう途中の海の上に、庭にお水をまいているときに、空を見上げると、いかにもナジャの形をした雲がぽっかりと浮かび、次第に崩れて消えていきます。

　そして、真夏から秋の終わり頃まで、雨の日ですら、庭には必ず蝶がいました。ある日には、タオとの散歩のときに、けっこうな距離をひらひらとついてきた蝶もいたりして、「おはよ。ご機嫌は？　今日も暑くなりそうね。今日のタオのごはんは馬肉よ」なんて話しかけながら歩いたり。仏教では蝶は極楽浄土に魂を運んでくれる神聖な生き物とされているだけに、こんなときに蝶に会うと嬉しかったりして。実は、何でもないときの蝶は、ゴキブリよりも苦手な生き物だけど。

　大幅に遅れてナジャを待たせた原稿も無事終了し、旅立って2週間が過ぎた迎え火の日、約15年間お世話になった動物病院へ、あいさつに行きました。お世話になった犬を見送った後には、感謝の気持ちを込めて、何か差し入れをします。迷惑にならない、でも喜んでいただけるものを。あれこれ悩んだ挙句、今回は暑

気払いのはちみつ梅干しにしました。おおげさに1粒1粒包装されているやつ。
ちなみに、ナジャが17歳の誕生日を迎えたときは、感謝を込めて、内祝い的にお気に入りのイチゴを差し入れました。この日はナジャもとても嬉しそうで、病院からの帰りの車内でも終始ご機嫌で、眠ることなく自宅に到着するまでずっと起きていました。

差し入れを梅干しにしたことをナジャに報告して、タオも一緒に病院へ向かいました。

ナジャを火葬したあと、これまでの犬たちのときに経験してきた、ぽっかり胸に穴が空いたような強烈な寂しさはなくて、むしろナジャがぐっと近い存在になった気もしたりして。涙があふれる日はほとんどなく、相変わらずバタバタと慌ただしい毎日を過ごしてきました。ところが、主治医の優しい顔を見たとたん、堰《せ》き止めていた何かが開いたような、きらきら光る雪山が雪崩《なだれ》を起こしたような、どばぁ〜〜〜っと、ぶはぁ〜〜〜っと、何かよくわからない感情が大量に吹き出してきました。

ナジャは先生が大好きでした。診察のときに必ず全身くまなく触ってくれるその手に、何をされても無抵抗で身を委ねていました。きっとわたしよりもはるかに、主治医に信頼を寄せていたと思います。

「よくがんばったね。素晴らしかったね」

よく覚えてないけど、主治医は言葉少なにナジャをほめてくださって、17年間のすべてが救われた気持ちになったのでした。

この日は36度を超える猛暑日。タオの診察も終え、病院をあとにして、カンカン照りの中、蒸し焼きになっているであろう車へ戻りました。ドアを開けると、ふわっといい香りがして、車内に入ると、強烈なバラの香りが充満しています。

アロマオイルこぼれたかな？　いやいや、そもそもそんなもの積んでない。お花買って置きっ放しだったか？　いやいや、お花屋さん行ってない。何？　何？と不思議になるほど、かすかな香りではなく、とてつもなく豊かな香りが充満していました。作り話のようだけど、こんなこと初めて。戸惑うほどに。

とてもわかりやすいナジャからの感謝状だったと思っています。

悲しみを乗り越えるには

たくさんの時間をともにしてきた家族だから、愛犬を失ったとき、大きな喪失感に襲われるのは当たり前のこと。しばらくは、誰にはばかることなく悲しんで大泣きして。いつか、愛犬との微笑ましい思い出であなたの心が満たされる毎日となりますように。

1. 家族のケア

愛犬を失って、悲しく寂しいのはあなただけではありません。一緒に暮らしていた犬や猫、お子さんやおじいちゃんおばあちゃん、みんな同じように悲しみ、寂しさを感じています。

子どものケア

愛犬が亡くなったことを隠す親御さんがたまにいますが、隠されたこと、お別れできなかったことの悲しみと怒りは、子どもにとって大きな心の傷になる可能性があります。大切な命を失う体験は、マイナスよりもプラスのほうが大きいはず。ぜひ一緒に悲しみを体験し、乗り越えてください。

同居犬猫のケア

残された犬や猫たちも喪失感を感じていると思いますし、飼い主さんの悲しみの感情に影響を受けてしまうこともあるかと思います。食欲がなくなる、散歩に行きたがらない、遊びたがらないなどの行動が見られるときは、特に注意して健康管理を。

2. 悲しみを手放すプロセス

愛犬を失った悲しみを手放すには、こんなプロセスをたどることが多いです。焦ることなく、一つ一つクリアできたらいいですね。

❶ 状況を否定する

命にかかわる病気だとわかったときや愛犬が逝ってしまったとき、「信じられない」「夢なの?」と受け入れられず、逃げることしかできないのは当然の反応です。まずはゆっくりと今の状況を正確に理解し、原因をある程度知ること。ただし、誰かや自分のせいにするのではなく、医学的な視点の原因を探ってください。そうして納得できたときは、きっと受け入れられているはず。

❷ 怒りを手放す

怒りの相手は、獣医さんや家族、さらには自分ということもあるでしょう。特に自分への怒りは、ともすると自分を真っ向から否定し続けることになってしまったり。怒りの感情を持ったままでいると、後悔に満ちた最期を迎えることになってしまうし、光の世界に行った愛犬を、思い出すのも辛い存在にしてしまいます。何よりもその怒りを悲しく思っているのは愛犬かも。

❸ 悲しみが寂しさになる

否定や怒りを経て、愛犬が余命わずかであることや本当に逝ってしまったことを受け入れられたときから、本格的な深い悲しみが始まります。そんなときは、ただただその悲しみを理解し話を聞いてくれる家族や友人、専門家に吐き出すこと。悲しさがだんだん寂しさに変わっていけば、きっと笑顔で愛犬を思い出せるようになります。無理に抑制せず、存分に悲しんでくださいね。

❹ 悲しみが薄らぐ

悲しみや寂しさを埋めるのは時間しかありません。心の痛みを感じたままだと健全な日常生活を送れないから、ちゃんと悲しみが薄らぐようにできているのだと思います。「こんなに早く泣けなくなって、なんて薄情なんだろう」と罪悪感を感じる必要はありません。笑って愛犬の思い出話ができるのは素敵なことだし、光の世界に行った愛犬が一番望んでいることだと思います。

ナジャのためにも悲しまない

動物とのお別れについて書かれた、世界的に有名な散文詩に、『虹の橋』があります。亡くなった愛犬は、天国の手前にある虹の橋のたもとの、暖かい日差しのあふれる草原で飼い主を待っている、というもの。葉祥明《ようしょうめい》さんの柔らかなイラストが添えられた絵本にもなっていて、わたしも大好きな一冊です。

日本では第2部、第3部という続編も知られていて、第1・2部は作者不詳ですが、第3部は芝山弓子さんという方が書かれたものだそうです。第3部には、「飼い主の止まない悲しみと涙は、愛犬を苦しめる」ことが描いてあり、この続編もけっこう好き。
転載ＯＫとのことなので、ここに紹介します。

　幸せと愛の奇跡に満ちている、虹の橋の入り口には「雨降り地区」と呼ばれる場所があります。そこではいつもシトシトと冷たい雨が降り、動物達は寒さに震え、悲しみに打ちひしがれています。そう、ここに降る雨は、残して来てしまった誰かさん、特別な誰かさんの流す涙なのです。

（中略）

　死は全てを奪い去ってしまうものではありません。同じ時を過ごし、同じ楽しみを分かち合い、愛し合った記憶は、あなたの心から、永遠に消え去る事はないのです。地上にいる特別な誰かさん達の、幸せと愛に満ちた想い出こそが、「虹の橋」を創りあげているのです。ですからどうか、別れの悲しみにだけ囚われないでください。彼らはあなたを幸せにする為に、神様からつかわされたのです。そして、何よりも大事な事を、伝えにやって来たので

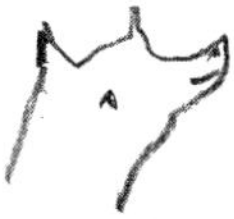

す。命の儚さと愛しさを。束の間の温もりに感じる、慈悲の心の尊さを。
その短い生涯の全てを以って、教えてくれるのです。癒える事のない悲しみだけを、残しに来るのではありません。思い出してください。動物達が残して行ってくれた、形にも、言葉にもできない、様々な宝物を。それでも悲しくなったら、目を閉じてみてください。「虹の橋」にいる、彼らの姿が見えるはずです。

信じる心のその中に、必ずその場所はあるのですから。

（『いのりオーケストラ　オフィシャルブログ』より引用。
初出は芝山弓子さんのホームページ〈現在は閉鎖〉）

ね、看取った犬のためにも、悲しみの心で毎日過ごすのではなく、愛しい愛犬との楽しい思い出を胸に楽しく過ごせたならば、きっと愛犬たちは、暖かい日差しの草原で楽しく暮らせているはず。
だから、わたしも寂しいと感じるときがあったとしても、いつも笑って、これまで看取らせてくれた犬たちとの楽しかった毎日を思い出して、いつまでも、いつでも大好きでいたいと思うのです。

もちろん、悲しみを説き伏せて、楽しかった思い出だけで心を満たすことは、そんなに簡単ではないことを、わたしも知っています。そんなに自分の感情にフタをしたら病気になってしまうと思うほど、辛かった時期もあります。

わたしが初めて犬とお別れしたのは、小学校4年生の頃。3日間食事もせず泣き伏していて、父から「いい加減にしなさい」と怒られた覚えがあります。

そして、自立して初めて迎えたシュナを看取ったときは、ペットロスとはこんなに辛いものなのか……と。この寂しさをどう処理していいか、まったくわからず、ただただ時が癒してくれるのを待つことしかできずにいました。今になって思えば、やはりお別れして寂しい自分しか見えていなくて、そこに光の世界で自

由に駆け回るシュナを、少しも思いやることができなかったなと。

それから、何もしてやれないままあっけなく旅立たせてしまったクワン、過度な高度医療で最期の最期まで戦わせてしまったハンナと、3頭を看取り、多くの後悔や反省を経験しました。


「自分のタイミングで逝かせてあげたい」という見送り方のイメージができてきたのは、2年ほどの介護生活の末に旅立ったウィッキーのとき。ウィッキーはブリュッセル・グリフォンという犬種で、ブリーダーさんで何度か出産を経験し、引退後に我が家にやってきました。16歳にして、気丈なチャキチャキの変わり者のおばあちゃん。初めて、過度な治療よりも彼女の治癒力や生命力を優先することができた犬。そして、最期のときを病院ではなく、家族全員がそろっている中で、看取ることができた犬でした。

ウィッキーが旅立った夏はとても蒸し暑く、心臓を悪くしていたこともあって、湿度の高い海辺では、発作のような呼吸困難で眠れない夜が続いていました。悩みに悩んだ末に、家族みんなで涼しい北軽井沢へ出かけることにしました。ずいぶんと体力や気力も落ちていたし、移動するリスクや、暑い車の中での熱中症の心配もありました。でも、きっと湿度も気温も低い場所ならよく眠れるのではという思いもあり、息子の夏休みも兼ねて、万全を期して行くことにしました。

案の定、お山に着いてからは終始ご機嫌。夜も、すぅすぅと寝息を立てて気持ちよさそうに眠れていました。山の空気もおいしくて、ごはんもおかわりを要求するほどです。

3泊したあと、帰る途中に、犬も一緒に入れるお蕎麦屋さんに立ち寄りました。お蕎麦屋さんのデッキでバスケットに入ったウィッキーは、お店の方からも通りがかりの方からも人気者で、なでてもらったり、おいもをもらったり、ここでもとてもご機嫌さんでした。

食事のあと、みんなで記念撮影をしようと、息子とナジャ、ウィッキーが入ったバスケットを抱えた夫が並び、わたしがカメラを構えます。お決まりの「ハイ、チーズ」の合図でシャッターを切った直後に、ウィッキーの首がガクンと折れました。
ん？？　え？？　何？？　呼吸は葉山の家にいるときよりも穏やかだったし、熱中症ってことは考えにくい。さっきもらったおいもが詰まった？　いやいや、全然苦しそうじゃなかったよね……。お水あげてなかった？　脱水？　いろいろぐるぐると原因を考えるも、何も思い付きません。

いつもマイペースで、わたしたちを笑わせてくれたウィッキー。最期ですら「えっ、今？　うそでしょ」の旅立ちは、あっぱれのひと言に尽きるウィッキーらしい最期で。家族全員が「すごいね、ウキちゃん」と、泣き笑いのありがとうとなりました。

光の世界、暖かい日差しの中を、自由にテコテコ歩き回るウィッキーが見えます。

これから看取る犬たちみんなが、虹の橋のたもとの「雨降り地区」で、シトシト雨の中、寒さに震えることがないように、必ず笑顔でいたいと思っています。

できれば、無理くりではなく自然とね。

専門家の力を借りる

愛犬を失ってから、眠れない、食欲の減退や過食、下痢や嘔吐が続く、頭痛、倦怠感、外に出られない、仕事が手につかないなど、ストレス性の症状が続く場合は、専門家の力を借りることも大切です。精神科以外にも、動物にかかわる心の専門家もいます。

グリーフケアアドバイザー

グリーフケアとはグリーフ（深い悲しみ）を抱えた人に寄り添い、ありのままに受け入れて、立ち直れるよう支援すること。ペットロスなど動物に関するグリーフの専門家もいる。

アニマルコミュニケーター

「私といて幸せだったのか」「愛犬の使命は何だったのか」「今幸せか」など、動物の気持ちを感じ、亡くなった動物とも話ができる専門家。信じる信じないは人それぞれ。実際に多くの飼い主さんが救われているのは事実。

ナジャを感じるものたち

仕事柄、素敵な作品を作る作家さんたちに出会います。その子その子の特徴や性格をつかみ、一頭一頭仕上げてくれる、フルオーダータイプの作家さん。

それは木彫りであったり、イラストであったり、刺繍であったり、亡くなった犬の被毛も交えたフェルトであったり。素材や表現はさまざまだけど、犬が大好きで、もの作りに長《た》けていて、見事に愛犬を再現してくれる作品たち。きっと全国、全世界に、そんな作家さんがたくさんいるのでしょう。

わたしもいくつか作ってもらっています。

魂が宿っているかのような刺繍のワッペンは、ほぼ毎日お守りのように身につけています。木彫りは祭壇に載せると、まるでそこにいるかのよう。イラストは壁に飾ってあって、ふとしたときに目が合ったり話しかけたり。いいものです。

一度、コボの刺繍ワッペンをなくしてしまったことがあって、迷子犬を探す気持ちであちこちに出向き、探しました。けっきょく見つからなくて、とても寂しく、コボを2度失った気持ちになったほどでした。以来、このお守り刺繍ワッペンには、迷子になっても帰ってこられるように、裏に携帯電話番号を書きました。大丈夫かな、わたし（笑）。

愛犬が亡くなったあと、写真を見返したり、思い出をたぐったりして作ってもらえば、きっととても素敵な時間になると思います。

ただ、わたしの場合、実はほとんどが生前に作ってもらっているものばかりです。過去に亡くなった犬たちの何かをオーダーしようと思っても、なぜか、なかなか進まないことが多いのです。まともに向き合えてないのかな。オーダーするために写真をめくっていると、いろんなことを思い出しすぎて、おいおい泣いたり、笑ったりして、お腹いっぱいになって終わってしまうのです。以来、「うちの子オーダー」は、元気なうちに作ってもらうことにしています。

心残りは、家族写真。元気なときにわたしも一緒に撮ってもらいたかったなと。犬たちの写真って、基本的には撮ってばかりだから、ナジャとわたしが一緒に写っている写真がほとんどありません。一度、とてもとても大好きな写真家さんに何気ない日常を撮ってもらったことがあるのだけど、そのときのその数枚しかなくて。ナジャと一緒の写真が欲しかったなと、たまに思います。

心癒される うちの子オーダー

愛犬の存在を感じながら生きていきたい人におすすめなのが、作家さんにオリジナルで作ってもらう、「うちの子オーダー」。日本中、世界中にたくさんの動物好きの作家さんがいるので、お気に入りの人やアイテムを探して、オーダーしましょう。

オーダーしたいアイテムの例

著者がお願いして、心癒されたアイテムや作家さんの一部を紹介します。人気でオーダーをストップしているところもあるのでご了承ください。

刺繍

愛犬の写真をもとに作ってもらえるオリジナルの刺繍は、服やバッグなどに付けて持ち歩けるのでお守りになる。

enami marikoさん
https://www.instagram.com/enami_mariko/

木彫り

立体的な愛犬の木彫りは、今にも動き出しそう。愛犬の祭壇などに置いてもかわいい。

美藤圭さん
http://bitokei.com

肖像画

作家さんの選択肢が多く、人によってテイストが違うので、何人かにオーダーするのもいい。

6noie（ムウノイエ。）
https://www.instagram.com/6noie/

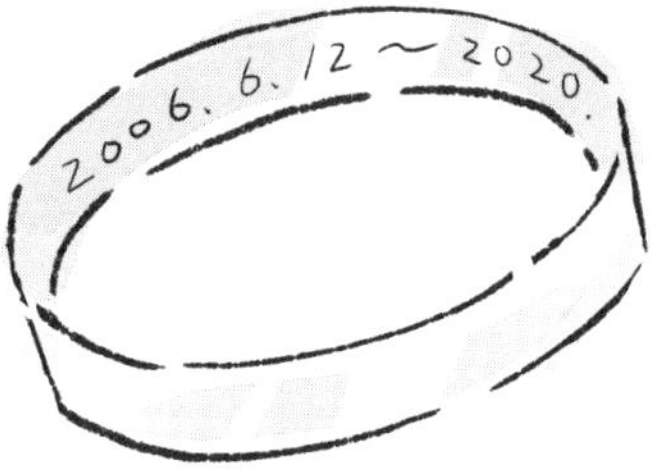

アクセサリー

お骨を埋め込んだ指輪「遺骨リング」は、肌身離さず持ち歩きやすい。その他、遺骨ダイヤモンドや遺骨真珠を作っている作家さんも。

神戸ゆびわ物語
https://kobe-ring.jp

四十九日を迎えたら

人で言うところの四十九日は、初七日から7日ごとに受けた裁きによって、来世の行き先が決まる、もっとも重要な日。裁きなんてちょっと怖い。純粋に飼い主を幸せに、癒しにきている犬たちには、裁きなんて存在しないだろうけど。人の場合は、故人の成仏を願い極楽浄土へ行けるように、家族や親族の他、故人と縁の深かった方々を招いて法要を営み、その後、忌明けの会食を開くのが一般的ですよね。もちろん宗教によっていろいろだろうけど。

ナジャの四十九日には、息子も呼んで、久しぶりに家族そろって夕食を囲みました。

ナジャのおかげで、家族全員がそろいます。息子の自立を見届けることを使命としてきたナジャには、何よりも嬉しい会食のはず。ナジャの祭壇にはかわいいお花を飾り、たっぷりの犬ごはんと大好きだった梨を供えて、他愛もない話をして、1日は終わりました。

来世の行き先、決まったかな。

お骨はまだそのまま。納骨しなくてはいけないのはわかっているのですが、もう少しここにいてもらおうかな。

先に看取った4頭の犬たちは、今は鎌倉の光則寺に納骨しています。実は、亡くなってずいぶんと長い間、手元に置いてしまいました。ほんとはもっと早くに土に還してあげるべきなのに、その頃はなかなか手放せなくて……。ずっと祭壇に並べ、それぞれに気に入った布でくるみ、お骨には見えない工夫をした状態で飾っていました。

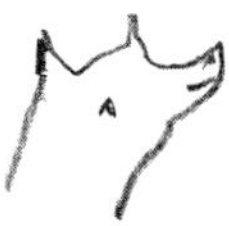

ある日、不思議な感性を持つ友人が遊びにきたときに、当時4頭分のお骨が並べてある祭壇を見て、このあたりだけ空気が黒いと。とても哀しい感じがすると。特に執着していたわけではないけれど、ずっとそこにあるのが当たり前になっていて、土に還りたがっているなんて思い付きもしなくて。きっとそのお骨たちはみんな「無」というか、何もない状態。何もないならなおのこと土に還してあげなくてはと、お骨たちを眺めて、ざわざわとしたのでした。

みんなまとめてお寺さんへ納骨した日は、とっても心が軽やかで。無意識ではあったけれど、執着もしていたし、手放してもいなくて、無駄につなぎ止めていたのかなと。みんな成仏できたかな。

あれから数年。わたしも看取ることに対しての意識や感覚が変わり、一昨年に看取ったコボは、どこかに納めるのではなく、自宅で土に還してあげようと思うようになりました。引っ越ししても連れていけるように、鉢の中で土に還してあげることにしました。今はこのスタイルが一番しっくりきます。

コボらしい樹木を選び、大きめの鉢にお骨を納めます。選んだのは「おかめ桜」という、小さな花を咲かせる低木。「おかめ」というネーミングもコボらしい。骨壺を開けると小さくなったコボがいて、100日ぶり。久しぶりな気さえして、一つ一つ土の上へ。崩れて粉になった骨もすべて鉢に入れて、土をかぶせ、おかめ桜を植えました。

毎朝「おはよう」、帰宅しては「ただいま」と、庭のおかめ桜に声をかけます。そして、できるだけ毎朝、たっぷりのお水をまきます。この癒しの日課を、とても気に入っているのです。

ナジャは何の木にしようかな。〝天使のお迎え〟のときのシュネープリンセスもいいけど、バラは難しいかなとか、常緑樹もいいなとか、果物が生る木もいいなとか。大好きなお花屋さんにお任せして取り寄せてもらってもいいなとか。

そのうち、しっくりくる樹木と出会ったら、土に還してあげようと思っています。

納骨はどこにする？

愛犬が亡くなってしばらくは、お骨を祭壇に供えたままという人も少なくないでしょう。納骨しようと思ったときに、どんな選択肢があるのかを紹介します。お骨の一部だけを手元供養用の小さな骨壺に入れて、持っておくという方法もあります。

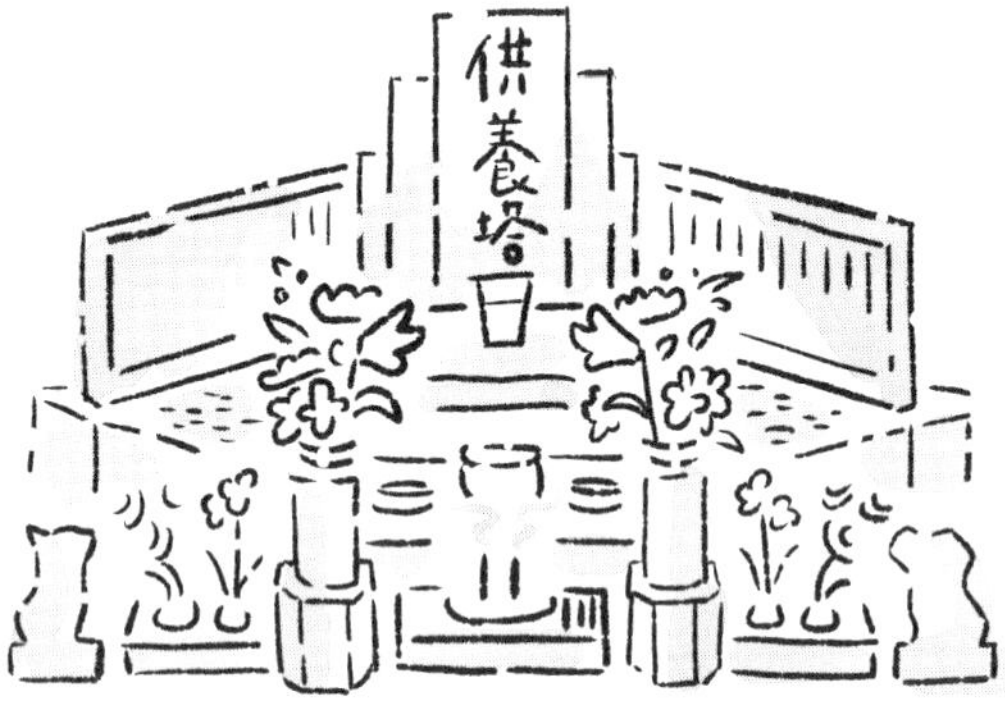

1. 寺院や霊園に納骨する

動物の供養をしてくれる寺院や霊園は各地にあります。年額で区画を借りる納骨堂や、最初に永代使用料を支払う個別もしくは合同の墓地などが一般的。最近では、数は少ないですが、愛犬と飼い主が一緒にお墓に入れる霊園もあります。

2. 植木鉢に埋める

持ち家なら庭に埋めるという方法もありますが、引っ越しの可能性があるなら、大きな植木鉢にお骨を入れて植物を育てるのがおすすめです。いずれにしろ、土葬では腐敗する可能性があるので、火葬してから埋葬しましょう。

3. 好きな場所に散骨する

動物の散骨を禁止する法律はなく、特に禁止されている場所以外なら散骨できます。愛犬の大好きだった公園や海、川にまいたり、埋めたり、流したりするのもいいかもしれません。お骨は火葬業者でパウダーにしてもらえます。

おわりに

最期まで読んでくださいまして、ありがとうございました。

愛犬とのお別れには、それぞれに、いろいろな想いがあるものだと思います。

どこのお家の犬たちも、必ずみんな、共通して「思い出の宝箱」を置いてゆきます。楽しかった、おもしろかった、おいしかった、嬉しかった、思い出の宝箱。きっとすべての飼い主さんが絶対に持っているはずの、思い出の宝物。

悲しみのあとに、少しの寂しさはあるけれど、お別れした犬との楽しかった日々に感謝して、一緒に過ごせてよかったと、笑顔で宝箱を開くことができる日々がやってきますように。

そして、またいつか、近い将来には、「犬と暮らしたい」「犬との暮らしを楽しみたい」と自然と思える日がやってきますように。

犬たちと一緒に願っています。

そして、本書を終える前に、1つ書き加えておきたいことがあります。

今の時代もいまだに多くの犬たちが、保健所や保護団体さんの施設、一時預かりさんの家庭で、いつか現れるかもしれない飼い主との出会いを待っています。飼い主によって見捨てられる犬も少なくありません。

殺処分に関しては、多くの活動家さんたちの努力によって、ゼロが可能になった自治体もありますが、なかなかそうもいかない自治体もあるのが現実です。いかなる状況でも、すべての動物の命を救うことが必要だとは思っていませんが、命を絶たれる理由もない犬たちが、心ない人間の身勝手な都合で処分されることは、とても罪深く、深刻な問題だと思っています。

ですが、わたしには、殺処分されてしまう犬たちすべてを救うことも、飼い主を待つすべての犬たちの飼い主になることもできません。

これから犬を迎えることを検討している皆さまへ。

ペットショップに足を運ぶ前に、ぜひ一度、飼い主を待つ保護犬たちがたくさんいることを知ってください。そして、会いに行ってください。もしかしたら、ビビッとくる犬に出会えるかもしれません。

また、日本のブリーダーさんの中には、犬のこれからを見据え、真摯に誇りを持って繁殖活動をなさっている方もたくさんいます。ニュースで流れる恐ろしい繁殖屋ばかりではありません。心から共感できる、そんなブリーダーさんを探してください。

犬は、人生の10年以上をともにする家族です。本当に心の底から「この子と暮らしたい」と思える、そんな犬と出会ってください。

「保護犬から選ぶべき」とか、「ブリーダーさんなんて信用ならない」など、ゆがんだ先入観を持つことなく、正しい情報とご自身の心に正直に、犬との出会いを大切にしていただきたいなと。

犬の一生をともにし、毎日楽しく暮らしていくためには、この出会いがとても大切だと思っているのです。

本書は、犬たちからたくさんの幸せをもらった飼い主さんと、飼い主とめぐり合い犬としての使命を果たすことができた犬たちとの、幸せな最期のための本です。

一頭でも多くの命が、そんな幸せな最期を迎えることができますように。心から願っています。

そして、この看取りの本を世に送り出してくださった河出書房新社さま、細やかな配慮と的確な指示を出してくださった編集の山賀さん、少しの説明で向かいたい方向性を理解し形にしてくださったデザイナーの山田さん、そしてそして、念願叶って、心温まる表紙を描いてくださった、大好きなイラストレーターのわたなべとしふみさん。みなさんそれぞれの力が、大きな愛のかたまりになりました。

心より感謝申し上げます。

俵森朋子

装幀・組版
山田知子（chichols）

装画・扉絵・挿絵
わたなべとしふみ

コラムイラスト
温泉川ワブ

DTP
山口良二

編集
山賀沙耶

＊本書の内容に関するお問い合わせは、お手紙かメール（jitsuyou@kawade.co.jp）にて承ります。恐縮ですが、お電話でのお問い合わせはご遠慮くださいますようお願いいたします。

俵森朋子

鎌倉にある、愛犬の体に優しいフードやケア用品、オリジナルグッズなどを扱う『pas à pas（パザパ）』店主。インテリアテキスタイルデザイン＆企画の仕事に20年近く従事した後、1999年に友人とともに『ドッググッズショップ シュナ&バニ』を立ち上げる。2012年、もっと犬の体にいいことをしたいとpas à pasをオープン。食事療法インストラクター、ペット薬膳管理士の資格を取得し、現在は『manpucu garden（マンプク・ガーデン）』として、手作りごはんのワークショップやカウンセリングも行う。『犬ごはんの教科書』（誠文堂新光社）など著書多数。

愛犬との幸せなさいごのために

必ずくるお別れのときに後悔しない知識と心構え

2021年5月20日　初版印刷
2021年5月30日　初版発行

著者　俵森朋子
発行者　小野寺優
発行所　株式会社河出書房新社
〒151-0051
東京都渋谷区千駄ヶ谷2-32-2
電話 03-3404-1201（営業）
03-3404-8611（編集）
https://www.kawade.co.jp/

印刷・製本 三松堂株式会社

Printed in Japan
ISBN978-4-309-28874-1